此生明白要趁早

总有一种感悟让你瞬间长大

杨雁 著

中国华侨出版社

图书在版编目(CIP)数据

此生明白要趁早：总有一种感悟让你瞬间长大 / 杨雁著.
—北京：中国华侨出版社，2013.12 （2021.4重印）

ISBN 978-7-5113-4322-2

Ⅰ.①此… Ⅱ.①杨… Ⅲ.①人生哲学–通俗读物
Ⅳ.①B821-49

中国版本图书馆 CIP 数据核字(2013)第300316号

此生明白要趁早：总有一种感悟让你瞬间长大

著　　　者 / 杨　雁
责任编辑 / 文　慧
责任校对 / 孙　丽
经　　　销 / 新华书店
开　　　本 / 787毫米×1092毫米　1/16　印张/16　字数/190千字
印　　　刷 / 三河市嵩川印刷有限公司
版　　　次 / 2014年1月第1版　2021年4月第2次印刷
书　　　号 / ISBN 978-7-5113-4322-2
定　　　价 / 45.00元

中国华侨出版社　北京市朝阳区静安里26号通成达大厦3层　邮编：100028
法律顾问：陈鹰律师事务所
编辑部：(010)64443056　　　64443979
发行部：(010)64443051　　传真：(010)64439708
网址：www.oveaschin.com
E-mail：oveaschin@sina.com

献给未来的自己

　　因为一次偶然的机会，这些原本只是一些类似于碎碎念的文字才出现在了大家的面前。与其说这是一部作品，还不如说这是一个普通女人对自己生活的一种记录。整本书由很多个独立的章节组成，自己的或者别人的一些小故事，剩下的便是对人生的一些感悟，就像在与你面对面聊天一般，言语朴素，却足够真实。

　　关于美丽：对于美和时间的关系，一直有着自己独特的见解，青春固然美丽，却很短暂，我们除了珍惜自己短暂的青春，还应该清楚世界上存在着另外一种沉淀之美是永恒的，更加值得让人去努力追求。

　　关于梦想：梦想是一个永恒不变的话题，最初我们所拥有的除了梦想还有与生俱来的自信，当信心逐渐被磨灭的时候，你是否还有坚持下来的勇气。然而，是不是只要一直坚持梦想就会一定实现，别忘了，迷恋不可能之物是灵魂的疾病，泛滥的梦想可能是永远都不会成为现实的。

关于婚姻：婚姻是这个世界最高深的一门课题，围城里的人偶尔也会向往着外面的生活，却不曾想过，自己也可以成为别人向往的对象。婚姻是需要经营的，婚姻不是 1+1 等于 2，而是两个 0.5 凑成一个 1，这才是真正的另一半，有了彼此才是真的完整。

关于温情：即便这个世界越来越冷漠，在不同的角落里始终存在着永远都不会消失的温情，有一类人一直在用自己爱的力量融化着彼此的世界，互相关爱，将温暖传递。

关于知足：人们对生活的期望值越高，要求越高，失望反而越大。知足其实是一种心态，所谓知足，不是满足现状不求上进，而是珍惜自己已经所拥有的，感受其中的幸福，学会知足，生活在满足的心境中，体会不一样的快乐。

关于养护：健康不仅仅是身体上的，从生理到心理都要追求最好的状态，情感、意志、信念、言行、涵养，等等，无一不是需要锻炼的对象，修身养性，提升自我。

关于幸福：锦衣玉食可以幸福，粗茶淡饭同样也可以幸福。幸福是人们内心的一种满足，不仅仅是物质上的，更是精神上的；幸福是一种感觉，它并不取决于人们的生活状态，而是取决于人的一种心态。

关于心伤：每一次受到的伤害都会留下不可去除的疤痕，每一道疤痕都见证着自己成长的轨迹。不经历风雨，怎么见彩虹，不能直面不幸的人才是真正的不幸，正是有了这一道道疤痕，才让我们更加懂事与成熟，让我们有更充足的底气面对更大的挑战。

本书是关于人生成长的随感，里面有很多让自己喜欢的话语，很多自己的感悟想要说给更多的人听，同时也再一次地送给自己，未来还有很长的一段路要走，谁都无法预料将会邂逅到怎样的情形，不论发生什么，想起这些曾经带给我启发和感触的文字，都会重新带给我鼓励，重新带给我温暖，支持我继续前行，走向未来。

以此，与君共勉。

目录
CONTENTS

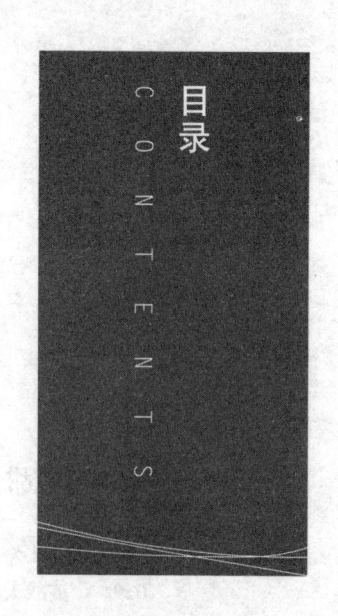

第一辑　　**年轮里的美,说给容颜**

002 \ 殊途同归与随缘

007 \ 老去的公主病

011 \ 与时间的战斗

016 \ 舍得与生命的延续

021 \ 优雅地老去

第二辑　　**梦想的浮沉,说给恒心**

028 \ 梦想是一朵朴素的花

033 \ 在历练中选择坚强

038 \ 别让梦想泛滥,梦想没有捷径

042 \ 信念与坚持

047 \ 忠于自己内心的信仰

第三辑　婚姻的酸甜，说给成熟

054 \ N 年之痒
059 \ 贫贱夫妻百事兴
064 \ 别把婚姻当成一场豪赌
069 \ 有时成全也是一种美
075 \ 幸福就在当下

第四辑　生活中的温情，说给行动

082 \ 用自己的力量温暖他人
087 \ 传递幸福的使者
092 \ 爱无界限
097 \ 遥远的心灵导师
102 \ 最温暖的浪漫

第五辑　氤氲的雨天，说给知足

108 \ 因爱而温暖，因爱而富足
114 \ 找准衡量幸福的尺度
119 \ 难得糊涂
123 \ 当下的满足是为了更好的未来
129 \ 找一个温暖的人过一辈子

第六辑　身体的活力,说给养护

136 \ 产妇的美丽战争

141 \ 人生如茶,茶如人生

146 \ 炼其体肤,修其心灵

152 \ 来自天堂的声音

157 \ 养性与修身

第七辑　朴素的幸福,说给感动

164 \ 发现幸福的眼睛

169 \ 不同的生活,一样的快乐

174 \ 幸福的指数

179 \ 爱的港湾

184 \ 简单生活,享受平凡

第八辑　　心上的疤痕,说给岁月

190　\　敢于面对改变

195　\　残缺的人生,完整的幸福

200　\　生命中不能承受之重

206　\　心怀感恩

211　\　把伤痕当酒窝

第九辑　　说给自己听,温暖此生

218　\　放大喜欢的,缩小厌烦的

224　\　管好自己的剪刀

230　\　坚持选择或是妥协

236　\　付出与得到

241　\　我们都拥有自己想要的生活

第一辑

年轮里的美，说给容颜

时光增长了年轮，苍老了容颜，却充实了心灵。
从幼稚到成熟，从天真到老练，从懵懂无知到见多识广……
每一圈年轮的增长都赋予了我们不同的财富，
这些精神财富有对亲情的感动、对爱情的领悟、对友情的珍视……
每一次心灵的触动都是时间赐予我们最好的礼物。
即使容颜不再，灵魂依旧不朽。

殊途同归与随缘

这也许是一个沉重的开头。就在几周前，我刚刚参加完爷爷的葬礼。

在很久很久之前，我总认为死亡是一件与我无关的事情，总觉得自己和自己的家人会永远停留在记忆中的那个年代。

可是，这次见到爷爷，已经完全没有了从前的样子。他躺在那里，身体仿佛已经没有任何水分，皱纹让干瘪的脸看上去越发苍老。而在记忆中，爷爷瘦却很矫健，脸颊红润饱满，还能健步如飞替正在读小学的我送来热乎乎的午饭。

我很平静地送走了他。此时此刻，我才真正发现，曾经所以为的时间停止真的只是一个传说，奇迹并不可能发生。

自从离家之后，忙着工作、忙着恋爱、忙着结婚生子，所以才会感觉爷爷从健康到老去，似乎成了一瞬间的事情，让人有些措手不及。我不知道爷爷还有没有遗憾，至少在别人看来，他是幸福的，算不得儿孙成群，却也四代同堂，不用为生计犯愁，不需为子女操心，还能在有生之年实现自己最大的愿望，去到自己最想去的地方。即便老去，想必也是快乐而无憾的吧。

　　回到自己的家中，找出了被丢在角落里的相册翻看起来。在那个还没有各种高科技数码产品的年代，经过暗室冲洗的胶片纸在现在看来有着一种特别的怀旧美。照片上的每一幅画面都显得细腻而真实，梳着时髦发型的妈妈、西装革履的爸爸、黑头发的爷爷、满口牙的奶奶，还有他们怀里嗷嗷待哺的我。看着那个小小的我，眼睛突然有点温热，曾几何时，我也是一个什么都不懂的"小布丁"，原来父母也曾拥有如花一般的容颜，只是随着时间的流逝，一切都有了改变。

　　不由想起了曾经的自己，大学毕业时，才经过校园几年的束缚，就像放出笼的小兽一样，浑身热血沸腾，满腔"不出人头地，誓不为人"的豪迈情怀，青春洋溢而充满激情。

　　然而现实总是残酷的，在经历无数次人山人海你推我搡招聘会的洗礼之后，我终于成为了传说中的职场新人。作为一名职场菜鸟，彼时的我黑发白肤，素面朝天，对人可以掏心掏肺，不懂得替别人着想，只会在意自己的委屈。但是不得不说，我是幸运的，同事都很疼我，也没有遇到钩心斗角的场景，所以我就一直这样天真而认真地做着自己的事情，简单而满足。

直到某天，因为人手不够，部门领导将我借调出去，与销售部的同事们一起去接待一批比较重要的客户。所谓接待，无非是吃吃喝喝，在饭桌上我第一次知道了酒的滋味，不懂拒绝的爽快和没心没肺的笑讨得了满桌人的欢心，截止到此时，气氛可以说都是愉快而轻松的。饭后大家又去了KTV，你方唱罢我登场，很是和谐。不知道是谁先起头邀请女士跳了一支舞，在场的重要客户们纷纷效仿，同样，我也在被邀请之列自然不能拒绝，但是要与一个可以做自己爸爸的人翩翩起舞，真不是一件让人开心的事情，只想等着一首歌结束，快点解脱。在我不在状态的时候，愕然发现"舞伴"的脸与我越凑越近，近到能明显地闻到满嘴酒味，慌乱的我完全不知所措，只能狠狠地将他甩开，可能是他酒后失态，被我甩开后依然不依不饶。

我又何曾受过这等屈辱，当时便泪流满面说不出话来，气急的我已经准备一巴掌扇过去，突然同来的一位姐姐拿着手机冲过来递给我说有电话找我，然后便把我拖了出去。这位拯救我的姐姐是销售部负责人，人称T姐，T姐年近四旬，已经称不上年轻，面相却很是妩媚，在市场上厮杀多年，很是有点小名气。这些是我在此之前对她的全部了解。这时T姐把我拉出来之后直接扯进了厕所，我好不容易回过神来，委屈得号啕大哭。

后来，我已经忘记当晚T姐有跟我说过些什么，只记得第二天，我带着相当于对救命恩人的感激，买了好多零食到了T姐办公室，对她说："谢谢你救了我。"这句话一直被T姐取笑到现在。后来我俩逐渐亲近，在第二个年头T姐找了个理由把我调到了她所在的那个部门，工作以外的时间，两个人完全没有年龄隔阂，经常玩在一起，很是投缘，也是在这里我才知道关于她更多的事情，T姐看着一副女强人的样子，其实内心却住着一个小女人，她向往浪漫、追求浪漫，不喜欢将就，所以才会和第一任老公离婚，T姐和前任老公离异后，放弃了总裁助理的职位，毅然接管了当时乱糟糟的销售部，在一片质疑的环境中硬是取得了今天不菲的成绩。她和老公分手的原因很简单，20岁出头的她为了应付父母与中意自己的人办了结婚手续，磨合了几年后还是没法磨出想象中的爱情，更不用说她所向往的那种浪漫生活了，于是便义无反顾地提出了分手，一直独身到现在。

有一晚和T姐喝酒，问起她对将来的打算，T姐笑道："我知道你是想问我感情问题，其实没什么好担心的，随缘。等不到爱情我就单着，人这一生才是真正的殊途同归，既然结局都一样，就不能委屈的活着。要是等我到了四十岁还单着，就不等了，就去开始做我一直想做而没做的事情。"说完这些话之后，T姐的眼里泛起了异样的光彩，闪亮异常。

想必很多人都会对此不屑，人生又有多少事是真正随心所欲的呢。T姐后来离职了，当时我正在为一个项目的事情忙得焦头烂额，连欢送会都没来得及去参加。

生活还是要继续，现在的我早已经成为了职场老将，面对某些重要客户我已经能应付自如，回想当时所经历的一切，对于菜鸟的我来说意义非凡，不经历些挫折，又何来所谓的成长。在闲暇的时候，我总是会想起T姐，在她离职后我们之间的联系便越来越少，一直到去年某天我拨出她的号码，却显示为空号。我尝试过各种途径，企图能得到她新的联络方式，却无果。T姐就这么毫无预兆地消失在我的生活中，我本以为我再也没有机会亲口过问她是否已经找到了真爱，直到上周接到了一个电话……

是T姐。电话里她的声音一直是雀跃着，她告诉我她要结婚了，婚礼订在结婚圣地南非德拉肯斯堡举行。没等我来得及表达自己掺杂着无数情绪的复杂心情，她很主动地交代了她这几年的动向。她从来没有忘记过自己的目标，所以40岁那年她毅然辞职，用几年时间走遍了大半个地球，打电话给我的时候她正在南非追狮子。也是在旅途的过程中遇到了现在的结婚对象，两人只是打算举行一场田园婚礼，然后继续旅程。电话里最后她对我说：她现在真的很快乐，真的。

我能想起T姐对我说这些话时神采飞扬的样子，人生本就一场旅程，每个人都有权利选择如何走，爷爷的旅程平淡而满足，T姐的旅程精彩而美丽，这种美丽与容颜无关，即便容颜老去，人生旅程中历练出的美丽却将不朽。

老去的公主病

大学一年级，我开始了人生中第一场恋爱，人称初恋。

而此前，在连电视都不允许多看的情况下，对于爱情的印象就只能停留在课堂上偷偷翻看的言情小说里。譬如：男主角温柔帅气，对女主角一见钟情，便情有独钟成为女主角身边的忠良犬，任周围花草成林也不为所动；又譬如：男主角英俊霸道，从前拈花惹草各种投怀送抱，只有女主角对他不屑一顾，却偏偏视女主角为真爱，从此洗心革面誓将女主角变成他唯一的女人，等等这般。而这些爱情开头很神奇，中间很纠结，结局却总是很美满，男女主角在克服各种健康问题，物质问题，家庭问题，性别问题之后，终于幸福地生活在了一起。

在这些小白剧情的洗脑下，刚刚脱离父母羽翼奔向自由的少女，情犊初开自然对传说中爱情的滋味欣然向往。如何开始不细表，无非是王八绿豆看对眼，然后眉来眼去欲拒还迎最终兴奋地勾搭在了一起。当然，那时的我还没有修炼成现在的样子，纯洁如一张白纸，只知道刚好彼此喜欢，便在一起。

小男友叫X，同级不同班，身长面嫩，放到现在必定是万千阿姨疯抢的优质男生。年轻的爱情单纯却不见得美好，都说每个姑娘心中都有一个公主梦，又何况当时"博览群书"的自己。我全然将自己幻想成了书中的女主角，把任性当作可爱、刁蛮当作个性，乐在其中折腾着自己的小男友，各种使唤与不满、不停地找借口与其争吵、不分场合地发飙，等等这般，然后再理所当然地等着他来哄我，和好之后再继续上演以上戏码，如此反复，乐此不疲。现在想起来，自己都恨不能掐死当时脑残的自己。而年轻的X却很难得的性格温和、心思细腻，在这样荒唐的相处模式之下，竟然还将这段青涩而艰难的感情维系了大半年的光景。

下学期快期末的某天，在食堂，我嫌弃X打来的午饭中有我讨厌的食材，便当着大庭广众的面将饭菜掼在地上，嘟着嘴命令他再去买一份过来。这次X并没有像往常一样乖乖地捡起饭盒重新去买饭，他只是静静地站在那里看着我，最终没有理会我便转身朝外面走去。我全然没有追出去的觉悟，只是觉得他竟然在这么多人面前不给我面子，让我颜面全无，恼羞成怒地跑回了宿舍。之后的几天，我等着他像以前一样主动来哄我，因为这样"小"的事情在我们之间早就已经习以为常，他不可能生气太久。可是，也许再好的人都会有自己的忍耐限度，这一次我没有再等到他……

就这样，我莫名其妙地失去了自己的第一份感情。我和各位女主角一样颓废了好长一段时间，郁郁寡欢，无法淡定地接受这个事实，不明白为什么结局会偏离轨道，走向了另外一个方向。初恋的失败大大地降低了我对爱情的渴望，现实和理想的差距太让人沮丧，即便如此，我还是没有在自己身上找原因的觉悟，只是单纯地认为自己运气太差而遇人不淑。

X在大三快结束的时候办理好了留学手续，在飞走之前，朋友给他举行了一场欢送会，很意外的我也接到了通知，我顶着 X 前女友的头衔还是到了场，最终欢送会变成了抱头痛哭大会，看着朋友们围在他身边伤心落泪，我心里却没有太难过和不舍的感觉，很是怪异。那晚，他跟我聊了很多，在最后他对我说："下定决心不再找你之后我轻松了很多，并不是因为不再喜欢你，而是终于不用在晚上因为找不到你而担心焦急。"X 所说的，是我总喜欢在晚上约会吃饭或者看电影之后，找各种理由和他争执，然后赌气转身就跑，由于我们学校地处偏僻地带，对于一个喜欢晚上乱跑的女孩子来说确实不是什么好地方，所以每次 X 都很焦急地寻找，而我则偷偷地跟在他的身后，看着他焦急的样子开心不已。

　　生平第一次觉得原来我是这么的不懂事，只会一味地满足自己的虚荣心而不知道替别人着想，仿佛一夜长大。再后来，将这个故事说给了老公 C 先生，C 先生莞尔："那时候的你并不是有多喜欢他，你喜欢的只是爱情的本身，和爱情带给你的满足感而已。"我仿佛醍醐灌顶。

　　说到 C 先生，一直觉得他是一位真正的哲学家。

　　在送走 X 之后，我开始学着反省自己，试图学着换位思考却一直不得要领，之后也有过几段不痛不痒的暧昧，最终也是闹剧收场。C 先生大我三岁，是毕业工作后的前辈同事，在认识他的时候，我还有着不少的公主病后遗症，虽不致命却也足以让人头疼。不过 C 先生全然不把这些放在眼里，他会在我生日的时候假装有事然后突袭给我惊喜，也会在我无理取闹发飙之时淡定至极四两拨千斤；他会不辞辛苦陪我逛街购物毫无怨言，也会在我撒泼耍赖试图出走之前转身先走，留下我一人独自憋成内伤……恋爱初期，我总是为了想要在他身上获得公主般的满足感，不止一次试图发起战争，最终结果却总是杀敌一百自损三千，很是让人沮丧。

C先生从来都不会过度放任我，每当我做错事情的时候都会毫不留情面，换做从前，他必定不是我理想伴侣的人选，所以，我甚至一度认为自己是否有自虐倾向，才会毫无怨言地和他在一起。可是，他从不抱怨我穿得不够漂亮，只关心我穿得暖不暖，他在我最蓬头垢面的时候仍然能温柔亲吻；而不知从什么时候开始，在C先生面前我总能维持着自己最自然的样子，不用精心装扮，可以不施粉黛，轻松而踏实、没有任何顾虑。

关于爱情，我们总是想得太过复杂，每个女孩心中都曾有过一个白马王子，可是现实又总是会给我们狠狠一击，就像当年X于我一样，很多人会因此对爱情失去信心，其实，那些失败只是让我们更成熟的催化剂，千万不能被打败。很感谢时光与挫折赋予了我发现爱的眼睛，要足够相信，每个人迟早都会遇到这样一个人，能给予自己足够的安全感，能让自己忘掉心中那个公主梦，洗手做羹汤，甘愿过着平实而满足的日子。

就算年华会让他发福变成大肚腩，让自己的眼睛从清澈逐渐混浊，让他的手再无力握紧你的手，也会让我的声音变沙哑颤抖，会让我们头发牙齿都掉光、行动开始不便，到了这个时候，我们依然是彼此心中最佳言情主角。多少人爱你年轻时娇艳的容颜，真情或假意，而我只独爱你内心与我共在的灵魂。这才是真正应该期待的爱情。

爱，与容颜无关。

与时间的战斗

在小学语文课本中,有一篇让我印像深刻的课文——《和时间赛跑》。文中,有一段爸爸对小作者说的话,让我感触颇深:"所有时间里的事物,都永远不会回来了。你的昨天过去了,它就永远变成昨天,你再也不能回到昨天了。爸爸以前和你一样小,现在再也不能回到你这么小的童年了。有一天你会长大,你也会像外祖母一样老,有一天你度过了你的所有时间,也会像外祖母永远不能回来了"。

也许对于那个小作者来说,一时之间还不能完全明白爸爸的意思。也许爸爸只是想告诉他一个很简单的道理:时间是残酷的,要学会珍惜身边所有的一切,永远不要浪费时间。

世界上似乎没有人能够跑得过时间,每个人的一生概括起来无非就是生老病死四个字。在我们正当青壮年的时候,总感觉时间似乎还有很多,喜欢找各种理由放下手中本该完成的工作,去做些其他无关紧要的事情来打发时间,直到最后关头才想起还有事情未完成,然后顶着巨大的压迫感才能强迫自己完成任务。人们通常把这种病态的现象称作"拖延症"。很不幸，我曾经就是这种症状的晚期患者。

原本以为自己这种在强压下才能短时间爆发的病态模式，已经是无药可救了。直到我知道了 M 的故事。

认识 M 其实是个很偶然的机会，为了给公司内部刊物找寻一些励志事迹，我时不时会跟着一位杂志社的朋友去蹭素材。一天朋友打来电话问我有没有兴趣去拜会一个很特别的人，问他如何特别，朋友却卖起了关子，怎么也不肯透露。他成功地激发了我的好奇心，立马放下手中的工作答应与他一同前往。

我所在的 C 城是一座历史悠久的文化古城，现在到处都在旧城改造，所以在靠近城市中心地带的位置，经常会在即将竣工的高楼附近发现还藏着各种民宅老巷。朋友带我来到的就是这样一个地方，临近江边的繁华地带隐匿着一条幽深小巷，巷子两旁的老宅写着大大的"拆"字，在周围现代建筑的衬托下有着一种说不出的落寞，这些有着浓重历史痕迹的宅子已经在这个城市越来越少，也许终究有一天会全部消失不见，伴随着那些见证过的岁月一同被人遗忘。

正当我还在无限感慨的时候，朋友在巷子中段的一间宅子前停下了脚步。宅子外观还是青瓦白墙，有着一扇高高的木质大门，大门开着，里面是一个庭院，院内排列着三四间屋子，格局有点像北京的四合院，仔细一看几间屋子竟然都是木结构，很有一番古韵味道。朋友没有敲门便直接进了大门，看样子对这里很是熟悉，他径直走到左侧的一间屋子前，敲了敲门。门很快开了，他招呼我一齐进去，走近我才看见开门的是一位 20 出头的小姑娘，头发随意梳成一个高高的马尾，纤瘦的身子套着一件式样简单的绿色棉布裙，白皙清秀的脸上挂着明朗的笑容，不由让人眼前一亮。

走进屋子，诧异地发现原来里面竟然是一间画室，房间不算大，简陋却收拾得很干净，中间位置整齐地摆放着几个画架，画架前方挂着一块简易的小黑板，一个想必是用作讲台的书桌，还有几个半大的孩子坐在画架前正在练习，想必是正在学画的学生。朋友简单地给我做了一下介绍，给我们开门的小姑娘便是 M，这间画室是她创办的，不收学费，专门用来教一些喜欢画画，却因家庭原因没有经济能力的小朋友。

M 端来茶水招呼我们坐下，然后让学生们下课休息，便跟朋友聊了起来。从他们的谈话中，看得出朋友和她关系很不错，只是我还是在疑惑，作为一个新时代的小姑娘能有这样的觉悟，的确是一件令人刮目相看的事情，但是对于这样类似的事迹，我们见的并不在少数，甚至做出比这更无私、更高尚的行为也大有人在，实在无法理解朋友郑重其事带我过来的目的。

好在朋友并没有让我疑惑太久，在回去的路上，他告诉了我所有关于 M 的事情。M 今年 22 岁，家中有父母和妹妹，一家四口过得很是幸福殷实，按理说她现在应该是一所大学大二的学生。M 从小便很喜欢画画，很有天赋，父母对她也非常支持，给她请了很好的老师，她也很争气，从小到大获奖无数，很是风光，高考时 M 直接报了心仪的美术学院，没有悬念地被录取了。就在大家都觉得上帝对这位姑娘格外青睐的时候，M 却在一次晕倒后被检查出颅内恶性肿瘤，由于位置特殊，即便手术，成功率也不到百分之五。M 得知后，便拒绝吃药打针，并且不愿接受医院安排的各项检查，怎么也不愿意配合治疗，情绪非常恶劣。最后父母没办法，只能要求先出院再商量对策。

M 受此打击万念俱灰，趁父母有天疏忽便从家里跑了出来，直接从 C

城的过江桥上跳了下去。可是 M 并没能如愿，原来有位在江边钓鱼的大叔救起了 M，可是自己却遇难了。M 醒来后后悔莫及，不顾身体找到大叔家向他家人谢罪，然而大叔的妻子却没有过多责怪，反而规劝 M 要好好活下去。大叔家人的宽容让 M 惭愧不已，最终她决定接受治疗，并在父母的帮助下成立了这个画室，地点就设在大叔的家里，而大叔的儿子则成了她的学生之一。

听完这个故事，我内心的震撼如海啸一般，久久难以平静。很难想象那个脸上始终挂着明朗笑容的阳光少女有着这样一段灰暗的过去。之后很长一段时间我都在后悔那天没能跟她说上几句话，也开始责怪朋友故弄玄虚害我错失机会，于是我决定自己再去拜访。

再次来到这个画室已经是三周之后，M 似乎更瘦了，唯一不变的是她脸上的笑容，干净而灿烂，充满感染力，让人无法将她和故事的主人公联系起来。M 见到我似乎并不吃惊，反而我有些局促，不知该如何开口。她似乎明白我的意图，替我斟上茶水后突然问道："姐姐，你绝望过吗？"一时间我竟然不知道该如何作答。M 似乎也不需要我的回答，继续说道：我也从来没有想过这样的事情会发生在我身上，可是我也没想到会有人因为我的绝望而白白丢了性命。阿姨说得对，我不该让叔叔白死，我得积极地活下去。M 还告诉我，她不愿意将最后的生命浪费在化疗室，所以选择了保守治疗，她不知道自己还剩下多少时间，所以要抓紧每一分钟做更多自己认为有意义的事情，这样才不会让自己留下太多遗憾。

请原谅我花了这么长的篇幅叙述了一个略带狗血的故事，这个故事对我的影响太大。我试着反省自己，虚度光阴似乎已经成了一种习惯，时间就在这样的虚度中一寸寸的流失，莫到老时才后悔，原来还有那么多想做的事情没有实现。

那天最后走的时候，M送给我一幅画，画里是一片璀璨的向日葵向着阳光的方向，就像她的笑容一样明亮动人。也许她终究不能跑得过时间，可是在和时间的斗争中，至少现在，她赢了。

生命的意义其实并不于在时间存在的长短，也不在于是否尊贵或卑微，而在于是否真正脚踏实地的活过。珍惜现在，做一个能与时间斗争的勇士，也许理想就会成为阳光。

舍得与生命的延续

我的女儿降生在 2012 年 1 月 1 日凌晨时分，由于那天刚好是元旦，所以几个朋友完全不顾我的感受，擅自把她的小名改成了男子汉味十足的"蛋蛋"。以至于不知道是不是这个原因，现在女儿已经在女汉子的道路上越走越顺畅，这叫一心想要把女儿培养成文静淑女的希妈情何以堪。

女儿还在肚子里的时候我给了她另外一个名字——小强，之所以得到一个如此霸气的称号，自然是有原因的。当年这个小生命的突然出现，让我除了惊喜更多的却是不知所措，让我和我先生很是纠结了一段时间。

我当时的身体状况并不是最佳状态，完全没有为她的出现做任何准备；另外最关键的，是在后来的孕检中竟然发现，我的血型竟然是稀有的 RH 阴性 O 型——传说中的"熊猫血"，而我先生是正常的 A 型血，所以从医学上的角度说，除了担心宝宝和妈妈 ABO 血型溶血之外，还要另外担心 RH 阴阳性的溶血，万一出现意外，宝宝甚至会有生命危险。

这个结果让我沮丧不已，各种担心恐惧，甚至提出了要和我先生离婚，原因是基因不和，我先生被我弄得哭笑不得，只能安慰。结果终究还是舍不得，决定冒这一次险，唯愿这是一个强悍的宝宝，能一直安安稳稳地待在妈妈肚子里直到平安出来，所以赐名——打不死的小强。

小强果然人如其名，如我所愿她平安地来到了这个世界上。那天是个不错的日子，新年伊始，传统的腊八节，重要的是那天也是我的生日。当护士小姐将她抱到我面前的时候，真的就如上天派人给我送来了小天使一般，那一刻我是多么的庆幸当时的决定。

自从她出生以后，我的生活完全换了一个状态。二人世界的悠闲不复存在，取而代之的是每天都要重复无数次的各种事情，烦琐得让人抓狂，睡眠总是不够，每天蓬头垢面完全没有形象可言。而产假结束需要上班之时，我甚至放弃了之前那份虽然繁忙但收入不错的工作，换了一份朝九晚五的工作，只是为了让自己多点陪伴女儿的时间。

其实我并不是在表达，每个人都必须为家庭或孩子舍弃自己所拥有的一切。只是人在面临选择的时候要学会取舍，不要妄想自己能做到两全其美，即便你有再好的条件、再强的能力。

我的朋友H，典型的事业型女性，生完宝宝不到半年，便投入到繁忙的工作中去。在孩子还不到两岁的时候选择了跳槽，一个礼拜除了周末基本都在外地出差，几乎没有陪伴孩子的时间，以至于公婆和老公都有了不小的意见。她依然不管不顾，奔走于各个项目之间，乐此不疲。其实以她家的条件，就算在家做全职妈妈，也不会对经济造成任何负担。对于她如此地拼命，我也表示过不理解并且带着疑惑问过她，她回答：我也尝试过在家好好陪伴女儿，可是待在家里我感到非常空虚惶恐，而在工作状态下我却无比充实满足。工作并没有成为我的负担，反而能带给我快乐，也许我就是为事业而生的吧，为了不让自己疯掉，我只能选择我更喜欢的生活状态。

H的回答很简单，却很深刻。她很清楚自己最需要的是什么，即便这种需要别人可能会不理解，她还是遵从了自己的内心。

在面对取舍的时候要明白什么对自己才是最重要的，才能做出最正确的选择，我无法判断H的选择能不能让她真的感觉有幸福感，也不知道H会不会懊恼自己曾经的选择。至少我在面对这样一个小生命的时候，我清楚地知道她对自己的重要性是无可取代的，所以甘愿放弃所有，没有后悔。

不得不感叹，时间过得真快。

转眼间女儿就过了一岁半，很快就要跨过两个年头。在不记得是几个月之前，半夜听到女儿哼哼唧唧的哭声，醒来旁边却不见了小家伙的踪影，最终在床尾发现了她。此时她正一边抽噎一边奋力往床上爬。不禁失笑，赶紧抱她上床，马上便又进入梦乡。从这晚开始，似乎就不一样了，原本摔下去只会号啕大哭的小娃娃，已经能知道妈妈有时候靠不住需要自力更生了。

现在的她，已经有了自己的小脾气，会口齿不清地和你斗嘴，会跟着你生硬地模仿各种词语，听见音乐节奏会扭屁屁、摇手手，会学着电视中的小朋友拿着牙刷刷牙牙，会准确地表达自己的想与不想，还分得很清楚家里爷爷最好欺负而妈妈最凶，并且知道一到晚上就守护自己的地盘，不许爸爸碰她的床、她的东西包括她的妈妈……

就是这样一个小娃娃，挑食、调皮、倔强、狡猾、脾气还很大，几乎遗传了爸妈所有的性格缺陷。即便如此，却还是让人感到其乐无穷。而有时候就算妈妈再凶，她还是会屁颠屁颠地凑过来，一脸谄媚口里还不停地叫着"爱妈妈"，这时候的自己，其实心早已经成了太阳下的雪糕，化成了一摊甜水。

对于孩子的出生，我的奶奶，也就是女儿的外曾祖母，毋庸置疑是最开心和兴奋的一个。从我们结婚开始就一直念叨，什么时候能给她添个曾外孙。奶奶只有父亲一个孩子，而我也是她唯一的孙女儿，幸运的是奶奶并没有古旧的重男轻女思想，对我很是疼爱。就是这样一位慈祥的老人，可能是盼孙心切，对我和老公的念叨，几乎到了"丧心病狂"的地方，让人难以招架，连回家探亲都仿佛成了一种负担。

曾经的我在面对老一辈如此狂热的期盼时，总是很不能理解。自己开始做妈妈之后，突然明白，成长相对于衰老，诞生相对于消亡，都是人类生存法则不可改变的部分。百年人生，在宇宙空间之中不过只是弹指之间，格外的短暂。经过岁月长河的蹉跎，即将走完人生旅程的老人，对新生命异常期待，其实是在用另一种方式表达了对生命的尊重。

不要再因为日渐沧桑的面容而感到沮丧，生命的终结只能代表人生的结束，新生命的诞生却正是人类生命的延续，生生不息。人生旅途中，总会有人陪你一同前行。

优雅地老去

高中时代，我们是一群鲜活而又个性十足的花季少年，最受我们欢迎的不是漂亮温柔的音乐老师，而是我们的英语老师，一位年过花甲的 D 老太太。

D 老太太从小接受良好的教育，年轻的时候虽比不得豪门千金，却也是书香门第，算得上是一位名门闺秀。战乱年代，全家移民海外。后来，D 老太太思乡心切，便和老公带着子女又回到了国内。原本早已到了退休的年纪，可是老太太闲不住，主动要求继续执教，一心要把余生都奉献给教育事业。

以上短短几句话自然不能生动描述 D 老太太传奇的一生，但这些都不是我们喜欢她的理由。

D 老太太虽然已经年近七旬，但是却丝毫不影响她对美的追求。她总是穿着款式、颜色各异的旗袍来给我们上课，每一件都做工考量、造型讲究，脖子上时常挂着一串圆润光泽的珍珠项链；眉毛被精细地描画过，眼睛依然有着迷人光彩，齐耳的头发烫得卷卷的，梳理得恰到好处，脚上还会穿着不同款式但造型同样女人味十足的中跟鞋。遇到下雨或者大太阳的天气，她还会撑起一把洋伞，就这样从远处悠悠走来，精致得就仿佛一幅老上海的电影海报，别有韵味。

作为教师，D老太太几乎从不发脾气，有时候学生调皮，想故意逗弄她生气，她也只是微微跺脚，一副恨铁不成钢的样子，那娇憨的神态仿佛十八岁的小姑娘一般，丝毫没有违和感。这种仿佛与生俱来的优雅，连校内最年轻漂亮的女同胞都甘拜下风，自叹不如。

于是，D老太太成为了我们全校女生的终极偶像。

老，是一件很容易的事情，亦舒曾写道："红颜弹指老，刹那芳华"，易老莫过于红颜，女人一旦过了30的年纪，就走在容颜老去的路上了，可是能像这样优雅一辈子却不是一件易事。很多人稀里糊涂地就老了，满脸皱纹、记忆力变差、开始变得啰唆、穿着也开始不讲究，老得不细腻，老得粗糙；而还有一些中年人，看上去，脸上被光阴逐渐侵蚀的痕迹越发触目惊心，不忍再直视即将老去的容颜。

25岁之前我的愿望是找到一份真正属于我的爱情；过了25岁之后我的愿望是希望自己青春不老；而现在的我开始渴望能像D老太太那样优雅地老去。怎样的仙风道骨才能老成那样的优雅，优雅是一件非常难的事情，比矜持难，比文静难，矜持可以假装，文静也可以故作。可是优雅装不出来，优雅需要的东西太多，阅历、气质，还有岁月沉淀出来的那一份淡定和从骨子里透出来的浪漫情怀。

也许这些我可能永远都做不到，即便如此我也愿意在努力优雅中老去。不断地修炼自己，时刻让自己保持最好的精神状态，就算出去买菜也要打扮得体，这样做不但给了自己足够的信心，也是对见到你的人的一种礼节上的尊重。

　　大约半年以前，我一直关系亲近的表姐突然约我出来吃饭，一坐下就开始向我抱怨，说她老公现在越来越不爱跟她说话，每次回家都是在沙发上各自占据一方，她看电视，他玩电脑，几乎没有交流。表姐比我大了不到3岁，却比我结婚早了好几年，婚后第3年有了小孩，生产完后便在家做了全职太太，照顾一家老小。表姐婚前虽然不是倾城美貌，好歹也能称得上小家碧玉俏，一直不乏人追求，最终选定了人品能力都不错的表姐夫，郎才女貌，婚礼时很是风光。她婚后还会经常约着几个小姐妹一起出来聚聚，谈天说地，好不开心，看得出那个时候的她是真的快乐，脸上总是不自觉地挂着满足而幸福的微笑，叫人赏心悦目。可是，在生完孩子之后，她便很少出来，每次聚会也是很匆忙，总是才开始就担心家中的小外甥是否尿了、饿了，不到一会儿就匆匆离开，距离这次，我已经有近一年时间没有再见到她了。

　　这次见面，我差点没能认出她。小外甥现在已经3岁，可是因为生产而有些发胖的身材不但没有恢复，反而距离上次见她有更加发福的迹象，也许由于发胖，只着了一件普通的长袖T恤加牛仔裤，头发随意绑起，零碎的发丝四散，没有上妆的脸上黑眼圈特别明显，看起来仿佛比实际年龄要老了好几岁，实在无法把这样一个中年妇女的形象和那个窈窕精致、爱美如命的俏表姐联系在一起。所以当她跟我说起老公种种不如意的时候，我并没有感到有多意外，如果换做是我，自己老婆变成了一个整日只知道围着孩子转、不在乎形象、满脑子柴米油盐、娱乐活动只剩下肥皂剧的家政式女性，想必也会因为找不到共同语言而相对无语吧。

我安静地听完她的抱怨，表姐的心情似乎好了一点，平静了下来，可见她真的很久没有跟人这样诉说过了。我直接向她表述了自己的看法，听完后她很久没有说话，不知是在理解还是在思考，正在后悔自己是不是表达得太过直白，让人一时难以接受的时候，表姐突然站起来，借着餐厅里一面反光的玻璃墙，细细地打量起自己来，一直到离开，除了道别再无他话。

之后几个月，她没有再约我见面，直到前几天她打来电话说家里来了一些好茶想请我一起品尝，欣然前往，到了她家再次见到她的那一刻，我便知道那天她已经理解了我的表达。表姐明显瘦了很多，虽然比不得婚前纤细，但些许的圆润却平添了一丝风韵，头发精心地烫过，薄施粉黛，容光焕发。表姐告诉我，她请了阿姨照顾家里的家务和孩子的起居，给自己腾出了更多的时间，制订了减肥计划、定期做保养、学习茶艺，虽然没有上班，但日子被自己安排得很充实。现在和老公两人时不时出去来个烛光晚餐，要么回家后泡上一壶茶，两人坐在一起聊聊趣闻，有时候甚至还能在工作上给他老公提出一些自己的建议。她说："我知道他不是不再爱我，是我自己变得也不爱自己。我现在做的这些其实就是我需要做的，安逸的生活容易繁衍出惰性，所以我不能因为惰性而丢了自我，不管多少岁，以后我会更爱自己，加油让自己变得像你说的那样优雅。"

这何尝不是我所崇尚的状态，说到优雅，又想起了另外一位家喻户晓的老奶奶——塔莎·杜朵。塔莎老奶奶出生于波士顿，平生最崇尚的便是心灵的自由，她57岁的时候独自来到佛蒙特州，在一座小山丘上建造起了一栋乡间别墅，开始了自己的田园生活。她穿着自己设计缝制的裙装，戴着各种好看的头巾。画画、养花种菜、喂养家禽牲畜、织布做手工，家里计划所有的日用品都是她亲手制作的，她还热衷于美食的烹调，生活永远充满了情趣。即使年岁已高，塔莎老奶奶依旧眼神清澈，微笑甜美如少女。

最喜欢塔莎老奶奶说过的两句话："对我而言，随着年岁增长，日子过得更充实，且更懂得享受生活乐趣。""年龄不是负担，只要懂得创造生活乐趣，老，不再是件让人畏惧的事，反之，你有充足的时间可以浪费在更多美好的事物上。"所以，我们要善待自己的身体，头发、皮肤等所有的一切，要学会修身养性，要学会规划自己的生活，要懂得享受生活，每天都要更加多爱自己一些，要让自己努力地在优雅中慢慢老去。优雅，与年岁无关。

第二辑

梦想的浮沉,说给恒心

何为梦想,梦想是一个人可能一生都在追求的目标;梦想即为理想。
你还会记得自己年少时想要追寻的梦吗?
有时候,梦想之于现实总是显得非常的渺小,
因为各种压力而忘记了自己曾经想要坚持的东西。
可是,埋藏在内心最深处的那一份信念谁又能真正忘记,
即便现在无法实现,也会不断努力朝着梦的方向前行,未曾放弃。

梦想是一朵朴素的花

那日，闲来无聊登上好久不上的同学录网站，处理未读消息的时候看到一条班级邀请信息，一看竟然是好久都不曾看见的小学校名，我的小学是跟着爷爷奶奶在一所乡村小学就读的，所以看到这条消息很是意外，外加一些激动，赶紧通过验证进去浏览。创建人是曾经的班长，一看班级同学录名册，埋藏在记忆深处那些陌生而熟悉的名字竟然大部分都在，不由赞叹班长的用心，想必费了不少工夫才收集起来。班级相册里有不少照片，每张照片都被细心地标注了名字，因为时隔太久，有的人还有些许小时候的影子，而有的则完全认不出来了，一页页地翻看着，满腔的感动与感慨。突然一张照片下的名字吸引了我，照片里的男人穿着笔挺的西装，身材不算高却很挺拔，正在参加一个剪彩仪式，在他背后挂着"恭贺××大酒店开业"的大红色横幅，很是显眼。

我还记得他，由于小时候身材瘦小，大家给他取了个外号叫猴子。猴子家境贫寒，母亲外出打工后就一直没有回来，父亲一个人在家拉扯他和弟弟，很是艰辛。猴子的成绩也不算好，经常一个很简单的道理要解释半天他也才一知半解，很是让人无可奈何。所以在这个以乖巧和成绩吃香的山村小学里，老师们并不太待见他，座位总是被放在教室最后的角落里，边上就是打扫工具；坐在边上的调皮学生还总是找各种理由欺负他，有时候一下课就把他的课本或者文具盒扔得远远的，而猴子每次都会闷不吭声地捡回属于他的东西，从来没有见到他埋怨或者反抗过，他的沉默最终让使坏的人也逐渐感到无趣，安分下来。只是猴子在班级里越发没有存在感了。

一天语文老师在课上给我们出了一篇命题作文——《我的梦想》，接着让班上的小同学们依次站起来表述自己长大后的愿望。虽然说小孩子的心是天真的，但是古灵精怪的我们当时已经知道如何讨得老师的欢心，所以使用率最高的答案无非就是科学家、老师、飞行员，等这些光荣或崇高的职业，老师对每一位同学的回答都会报以赞赏的微笑和鼓励的话语。对于自己的回答我已经忘记，反而让我印象深刻的是最后一个发言的猴子，他站起来说："老师，我的梦想是长大后能给爸爸和弟弟做各式各样的饭菜，让他们每一顿都吃到好吃的。"他的回答让全班同学哄堂大笑，老师来不及收起的笑容直接僵在了脸上，鼓励的话也说不出来，不知道如何是好。这样一个孩子，给出了这样一个让人哭笑不得的答案，很是让人大跌眼镜，不过小插曲很快就过去了，这节作文课之后，猴子依然是班级里最没有存在感的学生。

小学毕业之后，父母把我接回了县城里读初中，一开始和同学们分离的伤感很快被结识新朋友的快乐所取代，偶尔回到乡下，发现旧时的小伙伴们基本上都已离家，要么继续读书，要么已经辍学外出打工，当时的通信也不如现在发达，幸亏在系统消息清空之前还能有机会看到这条邀请，不然就真的全然断了联系。

从这张照片上来看，猴子现在已经有所成就，看到照片中横幅上"大酒店"三个字，又想起了猴子在课堂上说过的那个梦想，这时我玩心大起，便在照片下留言：猴子，你是否真的将你的梦想写入了那堂课的作文中？不想几天后，竟然收到了猴子的短信，约我周末见面。想必是看到了留言，从同学通讯录里找到的联系方式。

见面地点就定在照片中那个××大酒店，装修很有自己的格调和特色，等我到的时候酒店大堂已经坐了不少等待中的食客，看样子生意很不错。猴子把我接进一个小包厢，拉了会儿家常，许久没见的尴尬慢慢消除。猴子告诉我，其实有很多小学同学都在C城，只是我一直与他们失去联系，不知道罢了。他很惊讶我还能记得小时候的事情，我笑答因为他的回答太过特别。猴子说，他确实将所说的梦想写进了作文里，却收到了老师"梦想太过简单"的评语，说到这里猴子的眼里有一丝黯淡，由于当时家境原因，母亲离去的时候弟弟还年幼，父亲一边劳作一边拉扯两个孩子很是辛苦，经常为了省事包子馒头方便面打发三餐，难得吃上一顿热腾腾的饭菜。在他看来多么难以实现的愿望，却成了老师眼中简单的小事，不受打击是不可能的。

  为了减轻家里的负担，猴子初中毕业后便辍学去县城里一家饭店当小工，每天在厨房帮大厨打打下手，赚到的工资一半攒着一半补贴家用，供弟弟读书。而就在大部分同学在为高考拼搏奋斗的时候，他已经带着攒了几年的钱北上继续学习烹饪，再后来学成归来的他来到 C 城在一家酒店做了后厨，最后升为大厨。他靠着敏锐的味觉和大胆的创新获得了国内不少大小型比赛的名次，在圈内逐渐打响了名气，而这家酒店他也是投资人之一。猴子偶尔还会亲自下厨，慕名前去想要一尝究竟的客人绝不在少数。猴子说："那时候懂什么梦想啊，我只是把自己最想做的事情说了出来。我一没有文化二没有背景，为了达到目的我只能比别人更努力，当我做到了一定程度的时候，才发现原来自己一直坚持的事情也可以改变自己的命运，幸好没有放弃。"

  的确，懂事后才知道，当初年幼的我们，口中所谓崇高的理想不过只是对一种职业单纯的崇拜和向往，却不是自己真正想要去实现的事情，和梦想并无太大关系；再长大一些，心中有了真正的目标和追求，却总不能下定决心，开始顾虑太多，因为害怕失败而不敢开始；而当自己有了足够的能力可以继续追寻自己的梦想时，却只剩下被现实打磨过后的筋疲力尽，开始怀疑自己是否应该继续坚持下去，最终没有了继续前行的勇气。谈话中，猴子几乎没有提起过自己的辛苦，但我明白，从无到有他所付出的艰辛比别人可能多了好几倍，一路走来不可能没有遇到挫折和低谷，如他所说，他没有放弃，最终坚持到了梦想的真正实现。

同样，永远不要去轻视别人的梦想，也许让你不屑一顾的小愿望，却是别人一生的目标，梦想不分贵贱，再微不足道的愿望也是值得被尊重的，就算有人嘲笑、有人不解，都不要轻言放弃，只要坚持朝着一个方向努力，那些卑微渺小的小梦想，也有可能开出希望的花、结出收获的果实。

在历练中选择坚强

最近和老公一起参加了一个有点特别的婚礼,为什么说有点特别,是因为婚礼上最夺眼球的不是两个新人,而是新人边上的小花童,小花童今年7岁,是新娘J的儿子。当婚礼主持人公布了小花童的身份时,台下还是有了一阵小小的骚动,除开至亲和熟识的朋友,毕竟还是有很多人不了解真相,自然会惊讶一番。但是台上的新人并没有受任何影响,特别是J,脸上的幸福笑容并没有任何变化,而新郎则紧紧地攥住了她的手,感情之深可见一斑,让人羡慕不已。

我下面要说的就是新娘J的故事。

J老家在C城周边的一个小县城,在大学快毕业的时候交了一位男朋友,热恋之中感情异常强烈,一毕业两人想着反正到了结婚年龄,便迫不及待地想要修成正果,两人不顾家里的强烈反对,用尽各种方法,竟然偷偷去办了结婚手续,生米煮成熟饭,两家人也无可奈何,只能妥协。男友是C城人,J的大学同学,婚后两人住在男方家,J当时没有工作,每天就帮着婆婆打理下家务。婆婆本来就反对这门婚事,J进门之后婆婆自然处处看她不顺眼，各种找碴挑刺，而J也正年轻气盛，在家又何曾受过这等委屈，婆媳大战一触即发，几乎每天都闹得不可开交，不得安宁。而J在外工作的新婚丈夫在感情高温过后，开始对自己一时冲动的婚姻感到后悔，加上身边有了更多的诱惑，所以将婆婆对自家老婆的刁难，也觉得理所当然起来。

以上就是J的第一段婚姻背景，概括起来就是，年少无知闪婚，婚后矛盾重重，丈夫移情别恋。总之，两人最后还是离了婚，而J离婚后才知道自己已经怀孕，最后瞒着前夫将孩子生了下来，做了单亲妈妈。

孩子断奶之后，J到C城和朋友合租了一间房，并联系了要好的一位大学同学，这位同学家里在邻省经营着一家小规模鞋厂。把自己安顿好之后，J在某个低档商品市场租了个小门面，卖起了鞋，借着同学的面子，厂家直接铺货，先卖货再结账，一段时间做下来，竟然很有一些利润，J信心大增，更加用心经营。就这样大概做了两年左右之后，手里也积攒了一小笔资金，尝到甜头的J开始不满足于她这个只能卖卖廉价皮鞋的小店面，一心想着扩大自己的生意。于是，她开始重新找铺面，由于没有太多资金承担转让费，她最终选择了一家正在招商的商城，签下了合同。

曾经单一的货源已经没法满足需求，J又重新找了另外几家合作厂家。不过由于档次稍高的货品不能铺货，只能现金交易，J装修之后剩下的钱已经不多，于是向家里又借了点钱下了第一批订单。然而天有不测风云，这时的J虽然已经不再是曾经那个冒失天真的小丫头，但是市场经验还是欠缺，当她万事俱备只等着商场正式开业的时候，却等来了开发商负责人卷款潜逃的消息，所有合同中约定的宣传、广告、管理等都成了一纸空谈，原本以为会一炮而火的开业庆典变成了商户们的静坐示威，最终协调下来答应免除一年租金作为补偿，然而之后的生意却惨淡到不行，最终只能放弃。

生意失败之后，J积压了一大批货在手上，尽管熟人朋友帮忙处理了一些，剩下的数量还是可观。由于这次投资几乎花掉了她所有积蓄，还有她父母大部分的养老钱，J难过又自责，几乎崩溃，每天就在家守着一堆鞋发呆，那段时间朋友都不敢独自留她在家，直到她的父母收到消息带着孩子来看她。

后来J告诉我，她看到孩子的那一刻，忽然就想开了，女人最难的离婚都熬过来了，这么点事就受不了，真是丢脸。于是，为了不让父母担心，J干脆陪家人狠狠地玩了几天。把父母送回家之后，第二天，J便去二手市场淘了一台三轮电动车，装上一部分鞋子去附近的高校区摆起了地摊，由于所有的鞋基本上都是成本价甚至亏本销售，加上识货的人还挺多，一晚上竟然卖出了不少，坚持下来一段时间后，竟然挽回了一些损失，至少不至于血本无归，于是J干脆弄了些性价比更高的东西，做起了职业摆摊者。除了被城管驱赶或者下大雨，J都会骑着那台看上去如古董一般的电动车，准时报到，几乎每天都不落下，之后竟然在那片校区还有了点小名气。

也就是在那个时候J认识了现在的老公B。两个人之间，简单却不容易，B是J摆摊进货中认识的一个供应商，本来是一家企业的中层管理，后来，在母亲去世后便离职帮逐渐年迈的父亲打理家里的生意。开始追求J的时候，她始终不敢接受这段感情，一是她还结过婚生过孩子；二是终究还是害怕B只是一时新鲜不能长久。B明白她的顾虑，最终还是用足够的耐心和真诚打动了她，抱得美人归，而举行婚礼的那天正好是他们认识三周年纪念日。

当初选择地摊生涯算得上是 J 的一个转折点，混熟了整个校区之后，她打起了学生这一消费群体的主意，开始寻找校园周边的资源。她看中了一家准备转让的老旧 KTV，有了上一次的教训，J 不敢再草率，她进行了更加详尽的考察，由于资金缺口较大，J 一咬牙干脆将老家的房子做了抵押贷款。盘下了 KTV 之后，J 首先把包厢按照不同的主题风格进行了翻新装修，换了更先进的新设备，然后进行各种校内宣传和促销优惠，加上有特色的包厢环境，开业之后果然吸引了很多学生顾客。逐渐稳定下来后，她又以 KTV 的名义赞助了其中一家学校的卡拉 OK 大赛，其中有一项奖品就是免费包厢券，由入座率带动超市的消费，这一系列活动下来，除开寒暑假，每天的销售额都相当可观，盈利指日可待。不过令人费解的是，她一边做着老板，一边则去了一家保险公司销售保险，叫人摸不着头脑。

今年年初，又收到了 J 将 KTV 转让出去的消息，一问才知道，本来已经开始盈利的 KTV 经过几年的使用，设备装修都开始老旧，直接影响到了收益，而重新改造又是一笔投入，加上竞争越来越激烈，所以 J 当机立断，很干脆地进行了转让，拿了钱安安心心地做起了保险员，有事就去见见客户，没事就陪着自己的儿子，小日子过得自在又舒坦，叫人不得不佩服。她说："我一开始就能做一个安安分分的小白领，可是我没有，因为我还有自己的孩子，我选择留下他，就有责任让他和家人过上更好的日子，这个愿望现在已经实现了，我当然可以停下自己的脚步，选择更加安逸的生活。"

其实这样一个故事，我更愿意把它写成一个爱情故事，一个历经感情和事业双重失败的女人，在面对挫折时选择了坚强面对，抓住机遇迎难而上，最终成为主宰自己人生的主人，还收获了一份真挚的爱情。

　　J用一个草率的决定毁掉了自己的一次婚姻，却没有再让失败毁掉她之后的人生，如果她选择的是逃避，她的命运将永远不会发生变化。所以，无论什么情况下遇到困难与挫折，可以沮丧和难过，但是之后请记得，一定要让自己爬起来，继续前行，因为你还没有被打倒，坚强面对，才是你唯一正确的选择。

别让梦想泛滥，梦想没有捷径

在我还在那个乡村小学读三年级的时候，我的班主任老师把他准备升初中的儿子送到了县城一所培训学校学习画画，在每个不需要上学的周六下午，我总能看到他对着一个画板，坐在教师办公室前的走廊上练习画画，描画对象大部分都是周围的生活用具，比如液化气灶，又比如一个暖水瓶，不管他画的东西多么奇怪，当时在我眼里，他就如超级赛亚人一般，让我崇拜得不行。就这样，那一年我最大的梦想就是像他一样拿起画笔，长大后能够成为一名画家。于是我缠着爷爷替我报了当时的美术老师开的一个小小培训班，跟着另外几个学生一起开始学习素描。练习初期，每天都要用铅笔画着各种形状的静物体，持续几天下来，开始的兴致勃勃已经由枯燥乏味所代替，便再也提不起兴趣。直到现在，我还是只会用铅笔画出一些简单物体的黑白素描图，还不怎么好看。

五六年级的时候，学校新来了一位音乐老师，年轻又时髦，每当踩着简陋的风琴，弹出各种悦耳的曲子教我们唱歌的时候，漂亮得仿佛就如天上的仙女一般，让我同时对她手指下的那个乐器产生了浓厚的兴趣。正好为了响应县里的教育体系"鼓励学生多方面发展,加强素质教育,着重培养学生的课外兴趣爱好"这一号召,学校的免费音乐特长班就在这样的号召下正式开班了,我便赶紧报了名,还让在县城的父母给我带回来了一台电子琴。然而我一心只想迅速地弹出一首优美的曲子,每次练指法的时候都不专心,最终我的特长成了"一手禅",就是只能用一只手完成简单演奏,终究没能成得了气候。

初中的时候,同年级有一个专门的文艺特长班,班上的学生十八般武艺总能精通那么一门,每次看着他们在各种汇演上大出风头,我都好生羡慕,开始后悔小时候没能好好用心和坚持,结果导致半途而废,什么都没有学到。不过机会又来到了我的面前,文艺班开始到其他班级挖掘有天赋条件的舞蹈苗子,作为课外培养,因为天生的骨骼和较好的乐感,我很幸运地入选了,我欢呼雀跃。可是因为练习基本功的痛苦,我再一次选择了退缩,这下连后悔都找不到理由了。

除此之外,我还有过很多其他的梦想,小说作家、大学老师、书店店主等，或大或小，却都没能让我朝着那个方向走下去。

　　长大后，想起这些自己曾经的梦想就会思考一个问题，究竟是什么让我对所谓的梦想变得这样三心二意，缺乏恒心，缺乏坚持，还是这些都只是我对别人成就的一种崇拜所导致的一时兴起，所以才会想着急于求成。我想应该是第三种吧。因为没有真正的足够喜欢，才会三分钟热度，无法坚持，真正的梦想至少是不会像我这样三心二意的。

　　当我明白自己内心真正的梦想时，心中所燃烧起来的那份希望和斗志是任何时候都无法比拟的。同时，我还明白了一个道理，有时候梦想并不是单纯地想要成为一个什么样的人，也可以是一种期望、一件事情，或者是想要达到的一种状态，这些都可以成为自己的梦想。明确了自己的梦想，才能真正地全力以赴，而泛滥的梦想只不过是一时兴起罢了。

　　电视上曾经有一档真人秀节目，节目创办主题是帮助普通人实现自己的梦想。之所以选择观看，是因为被它的名字所吸引，想看看究竟是怎样的一个舞台，竟然可以替人圆梦，结果不得不承认，媒体平台也是实现自己梦想的一个方式，一些令人尊敬的寻梦人——比如，那些为了让自己支教的山区小学提高关注度的乡村教师们。

　　我的小表弟，高中时期曾是典型的乖乖好学生，升到大学以后，被到他们学院演出的一支原创摇滚乐队所吸引，疯狂地成了乐队的忠实粉丝，人称脑残粉。为了向他的偶像靠近，他开始跟着吉他社学习吉他，每天大部分时间都扑在了练习吉他上，甚至不惜逃课。期末的时候，吉他竟然已经弹得像模像样，他在学校组织的几次晚会上进行了表演，反响还挺热烈。出了几次风头的他不由有些飘飘然，总觉得自己天生就是做偶像的料。于是他开始热衷于参加各种电视选秀活动，本省台、外省台、地方台，但凡有选秀的地方都会有他的身影，屡战屡败、屡败屡战，到了后来更加变本加厉，甚至向家里提出休学，然后去北京寻找自己所谓的梦想，他母亲被气得半死，几乎要和他断绝母子关系。

其实我很想问问他，是不是心里真的有一个摇滚梦，就算真的有梦想，试图借助外力加快实现梦想的脚步姑且没错，可是在他技艺不精的情况下，想用这样急于求成的方式达到目的，终究还是不可能实现的。也许在足够多的人面前进行一场风光无限的表演，才是他的最真实的想法。可是实现之后，真正能有收获的又有多少呢。或许会一夜成名，但是更多的却是转瞬即逝，继续做着普通人，而为了在镁光灯前那一次华丽的曝光，自己应该付出多大的努力，他又是否能真正知晓，这样草率的梦想不要也罢。

每个平凡人都有自己的故事，心中都会揣着一个梦想，或大或小，或困难或容易，有一些只是默默地存在我们的生活当中，当梦想逐渐泛滥，有一些还被刻意放大展现在大众面前，梦想本身没有错，错的是不该把人的梦想当成幻想，当梦想只能成为一个人的压力，而无法转化成动力的时候，梦想还有什么意义。所谓梦想，真正需要的是实际的行动和为之付出的努力，梦想没有捷径，只有一步步脚踏实地地向前行进，不断充实自己、提高自己，才能有足够的信心和能力支撑自己走到终点，实现美好梦想。

信念与坚持

我有一位很要好的男性朋友 C，我俩刚上初中时两家便住进同一个院子里，一起长大、一起上学，一晃都已经十多年的交情了。

刚认识 C 的时候，他还是一个懵懂少年，考上了高中之后，他爸爸作为奖励给他买了一部当时还比较少见的数码相机，这下便一发不可收拾，他几乎每天机不离手，一有时间便四处拍来拍去，有好几次都差点被别人直接当成了变态偷拍狂，尴尬不已。即便如此，也丝毫没有影响他的兴趣，继续我行我素。

还好高中的班主任并没有对他的这个爱好表示反对，反而交给 C 一个任务，要他在不影响学习的情况下，用相机记录班里的具有代表性的画面，做成班级日志，C 兴奋不已，欣然同意。从此，只要一下课，每天都能看见他如猴子一般上蹿下跳，只是为了采到一个好的镜头。C 当时的学习成绩并不算太好，后来在高二学期分班的时候他选择了学文，还另外报了艺术生考试，专业是摄影，此时他的装备已经换成了一台在当时还比较少见的单反，他自嘲地解释为"双管齐下、两手准备"，其实我知道他是真的喜欢摄影。

C开始参加各种摄影专业课程的培训，自习课时候直接放弃了对课本的复习，啃着一本厚厚的关于摄影的教学材料异常专心。偶尔他会苦恼地跟我抱怨，担心这种临时抱佛脚的方式太过仓促，无法取得理想的成绩。我只能给他祝愿和安慰，真心希望他的好天赋能遇上好运气。

然而，天将降大任于斯人也，必先让其失败，C在艺考中还是失利了，毕竟再努力，临时突击起来的知识终究还是不够的。本来我还担心他会消沉一段日子，谁知C却像没事人一样对我说："本来就没抱多大希望，试一试而已，不要为我担心，还有高考呢。"然后开始跟我胡扯他培训时遇到的一些趣事。我心里一颗石头落了下来，却没有忽略说到关于专业考试时他眼里划过的一丝黯然。

高考结束，C的小宇宙还是没能如愿爆发，最终只考上了本市一家二本学校，而我则去了临市，两个人只能通过手机或网络保持着联系。C告诉我，他参加了学校里的摄影协会，会里有很多高手，总算真正地知道了什么叫作人外有人。自己那三脚猫的功夫能考上那才稀奇啦。我并不以为然，毕竟C现在学的这个专业和摄影没有半点关系，最多也只能把它当成一份爱好玩玩罢了。

大学第三个暑假回家时，却意外没有见到C，打电话也一直是无法接通的状态，到他家里一问，才知道小子打着采风的名义跑出去旅游了。当时我的想法和他爸爸的一样，认为他只不过是想出去玩而已，心里还在暗暗地骂他不讲义气。快开学的时候，C终于回来了，一到家便兴奋地跑过来给我显摆他相机里的照片，我佯装生气不屑一顾，也没有告诉他，他镜头里的胡杨林真的很美。

开学后不久，接到了C的电话说要到我所在城来几天，问他原因，还故作深沉，美其名曰给我一个惊喜，我没有太在意。几天后，我接到了C，他神秘兮兮地递给我一个信封，打开里面是一个在本市举办的"新锐摄影师大赛获奖作品展"的入场券，我不禁失笑，不过是来看个影展，还搞得跟地下党接头似的，矫情！C笑而不答，只是一再嘱咐我千万不要迟到。

摄影展那天是周末，我到了门口却没有见到C的影子，正要打电话给他却收到了他的短信，原来已经在里面，要我直接进去。验票入场后，才发现里面似乎是要举行一个仪式，话筒、座位一应俱全，还是没有看到C，便不安好心地想着是不是拉肚子了，偷笑着找了个角落的位置坐了下来。原来是个颁奖仪式，嘉宾，观众都已经慢慢入场，一直到主持人致开场词，他还是没有过来，电话也无人接听，我开始坐立不安，现场情况也没心思关注了。突然现场响起了热烈的掌声，把我的注意力吸引了过去，原来是获奖作者上台领奖，忽然我在那一排人群里发现了C的身影，正一脸狡黠地望着我坏笑，这时候我才恍然大悟，这家伙要我来参加影展的真正原因，他竟然是这次大赛中风景类作品二等奖的得主，而作品就是他拍摄的那片胡杨林。

看着他在台上接过奖状的时候，我不禁有种想要流泪的冲动，从没想过这样一个看上去对任何事情都毫不在意的男孩，在内心会有这样一种坚持。事后我谈起曾经对他的误解，表示抱歉。他还是那样坏坏地笑着："其实高考是我的第二手准备，艺考才是我的第一志愿，如果学校没有摄影系，我同样会用其他方式去完成我的想法，这次得奖总感觉是因为我运气太好了，我不会就这样满足的，未来的路还长着呢。"

就像他自己说的一样，得奖后的C并没有沾沾自喜，连奖状都悄悄地收了起来，他在电话里总是会说起摄影协会里的各种活动，师兄弟们拍出了一张多么有意境的照片，各种琐事，丝毫没有听出一点骄傲的情绪。他也遇到过瓶颈时期，灵感全无的时候，有一次，外出采风一个多月都没能拍出一张让他真正满意的照片，他对自己的要求越来越高，仅靠天赋和悟性自然就不够用了。于是，他跑到了城区另外一所学校里抄下了摄影系的课程表，开始了自己的蹭课生涯。难得的是C并没有因为摄影而忘记本科专业的课程，用他的话说，父母给他交了学费，他就有责任不浪费。那段时间他几乎放弃了所有娱乐，一边做着摄影系旁听生，一边复习本专业的功课，很是辛苦。

C的努力没有白费，摄影系的老教授偶然看到了他的作品，大加赞赏，于是他便时不时拿些照片给教授过目，获得不少评价和建议，让他受益匪浅。之后的一切仿佛水到渠成，大四的时候，C直接报了邻校的摄影系研究生并被录取，做了老教授的关门弟子，前途无限好。

也许在有些人看来，C只不过是足够幸运罢了，不一定成得了大气候。很开心我能有机会以这样一个题目来讲述关于他的故事——信念与坚持。研究生毕业后的 C 并没有热衷于各种比赛，只是开了一家摄影工作室，替人按要求拍一些创意照片，慢慢地竟然有了不少的知名度，如今预约的档期都快排到明年了。如果当初他没有足够坚定的信念，没有坚持下去的决心，又怎么会收获属于他的那一份幸运。C 说："我最大的快乐并不是成名和得奖，而是能够自由自在，拍出让人们喜欢的作品。"而就在我写这节文字的时候，他正在奔向邻省的火车上，出发去为一对新人做现场婚礼摄影——又是一个快乐的旅途。

忠于自己内心的信仰

一日熬夜到凌晨时分，闲来无事与QQ好友群里的几个夜猫子姑娘闲聊，不知谁开头说起了自己的暗恋故事，一向活泼犀利的L突然没了声音，良久之后才突然冒出了一行字：我和G在一起了，准备明年结婚。群里的成员们几乎都是很多年的老朋友了，L暗恋G多年，一直追求未果是大家众所周知的事情，所以此话一出，顿时安静了好久，之后才有人小心翼翼地说道：L你不必这样娱乐自己欢乐我们吧……其他人也紧跟其后纷纷表达了不相信。

L算得上一个富家小姐，今年二十有六了，白皙清秀的小美女，从小衣食无忧，一家人对她众星捧月，很是得宠。L自己也很争气，几乎没让家人操过心，父母也都很通情达理，如果她有什么要求，只要是合情合理，父母都是全力支持，基本上就没有不能如愿的事情，如果非要问L最大的梦想或者愿望是什么的话，答案肯定是G。

L认识G是在小学最后一个暑假的书法培训班上，其实L只不过是想要爷爷写毛笔字时那种行云流水的气派，所以才吵着也要去学，父母求之不得，给她报了名。只是抱着玩一玩态度的L上了几天枯燥的课程之后，便失去了兴致，正准备打退堂鼓的时候，看到了G在教室练习毛笔字的样子，她说："一个白衣蓝裤，皮肤白白的清瘦少年，手握着毛笔、对着宣纸认真书写的样子，我一辈子都不会忘记。"就这样，淘气好玩的L因为G的原因，破天荒完整地上完了整个暑假的书法课。培训课的时候，L已经和G熟了起来，得知G和她分在同一个初中，她欣喜若狂。L在当时还并不懂情爱之说，只是觉得和G在一起很开心。G的家庭条件并不是太好，后来G告诉她：他觉得从小娇生惯养的L是不会理解像他这样从小就需要独立自强的人，他们不是同类。所以自尊心很强的G对L一直都是不太热络的样子，让她很是郁闷。

　　不过L并没有被打击到失去斗志，短暂的失落后依然没脸没皮地关注着G。初中开学当天，她打听到了G分到的班级，然后死皮赖脸地以自己班没有好朋友为由，拖着妈妈去找老师，让自己和G成了同班同学，后来不知道L耍了什么小把戏还让两人成了同桌。直到高二文理分班的时候，L第一次和家里有了冲突，因为她想和G一样继续留在本班学理，可是L的理科成绩非常弱，按照当时的情形看，选择学理无疑就是放弃了考大学的机会，所以一向对L百依百顺的父母也表示了反对，最终结果是L要家人给她一个月时间，如果一个月后理科成绩还没有起色，再转去学文，不然即便现在给她报了文科班，她也不会好好学。父母拗不过她，只能答应。而G对L做的这些，却丝毫不知情，只是以为她真心喜欢学理，于是作为理科学霸的他答应了给L进行辅导，让L兴奋得在背地里连声大呼："因祸得福！因祸得福！"

　　一个月的期限并不长，为了赶上进度，L从最基本的数理公式开始温故，没日没夜地做着练习题，不懂的地方就问G，她还将G的笔记本复印了一份，每天照着复习，几乎到了废寝忘食的地步，在那一个月之内，她整整瘦了10斤，比吃什么减肥药还灵。家人们看着L这样努力，开始于心不忍，生怕孩子读书读坏了身子，软下心来要L不要这么拼命，不再逼她学文就是。其实L一心想要学理还有另外一个原因，就是她想和G报同一所大学。当时知情的好友对于她这种做法，没有几个是赞同的，然而除了骂她傻之外，却也别无办法，不管怎么劝，L总是一句话："现在除了他，我找不到任何能让我奋斗的目标和动力。"只能作罢。朋友如此反对也不是没有原因，关键在于G的态度，不管他知不知道L的想法，G对她的态度基本就是和普通同学无异，甚至更差。尽管是同桌，相互之间由他主动的交流几乎为零，即便有时大家一起出去玩，也只是L剃头担子一头热，G永远是一副扑克脸，很是让人扫兴，似乎除了埋头读书，再也找不出能让G感兴趣的事了。

　　作为L的邻居好友，又是比她大了两届的学姐，在当时我看着她一直努力想要跟上G的步伐，很是心疼。也有人说可能是因为L年纪小，才会这样不理智，也许再过一段时间就好了，可是不知道过了几个"一段时间"，L依然执迷不悟，深陷其中不能自拔，只能看着她在这条路上越走越远，无能为力。

　　由于先他们两届毕业，我又去外地上了大学，关于L后来的消息基本都是由网络或是回家之后才知晓。据说因为L的高考分数没有达到，没能如愿和G上同一所大学，但是由于她一直恶补，也取得了还算不错的成绩，于是也报考了和他同一所城市的学校。偶尔我会在网上打趣地问她：成了吗？得到的却总是同一种回答：NO! NO! NO! 后面还带着一个嬉皮笑脸的表情，却让我看出了一丝无奈。

已经记不清楚上次说起这个话题是什么时候的事情了，我原本以为 G 会成为 L 的遗憾，却没想到此时却听到了两人快要修成正果的消息，相信其他几人的震惊程度也不会比我少，所以才不愿意相信这是事实，还以为是 L 的相思病要恶化成臆想症了。在 L 的解释下，众人终于明白了事情的始末，一边祝福 L 守得云开见月明的同时，一边也忍不住感叹 L 的痴情和不容易，唏嘘不已。

G 在学校表现很优异，大四的时候，他已经申请到了留学名额，并且有全额奖学金，只等一毕业就可以直接飞往英格兰，L 自然也开始做起自费出国的打算。但是命运有时候就喜欢开玩笑，在出国前夕，G 的母亲被检查出患了严重的肾病，必须长期住院治疗才有可能治愈。G 的父亲在他很小的时候便离开了人世，为了照顾母亲他放弃了出国的机会并把母亲转到了当地的一家专科医院，G 接受了一家企业的聘请，一边上班一边照顾起了母亲，而拿到的工资几乎全部用在了母亲住院医疗费上，日子过得很艰难。L 知道情况后，想给他一些经济支持，被 G 拒绝了。L 虽然口里骂着 G 榆木疙瘩，心里却对他的这种傲骨暗中敬佩，觉得自己没有喜欢错人。她说，也许她一直喜欢的就是 G 的这种骨气吧！

被 G 谢绝后，L 为了和他一起分担，干脆到医院里照顾起 G 的母亲，不管 G 怎么反对，L 都不管不顾，一心一意只做自己的事情。想象一下，一个从小十指不沾阳春水的娇宝贝，每天给病人送饭、喂食甚至擦洗身子，并且一坚持就是一年多，这需要多大的毅力才能做到。而这期间 L 的父母还一直以为自家女儿在外逍遥自在着享福呢，要是知道事实，该有多心酸。

L 说，其实 G 早就知道她对他的那点小心思，只是始终觉得 L 和他不是一路人，而对他的喜欢也不过是一时新鲜罢了。对 L 这么多年来为他做的一切不是不感动，只是不敢接受。而当 L 照顾他母亲的时候，他执拗不过，只能由她，其实内心认为 L 坚持几天就会受不了这等苦，自动放弃，谁知她竟然真的陪伴了他这么久。就在他母亲生病的期间，由于有 L 的帮助，G 便有了更多的心思放在工作上，凭着自己的能力在公司里也做出了一点小成绩，发展非常之好。就在他母亲逐渐康复准备出院的那天，G 带着玫瑰和钻戒在医院门口跪下来向 L 求了婚。从没见她哭过的这个傻姑娘，在那时却完全不顾形象地哭成了一个泪人，也许只有她自己才真正明白这泪水的意义吧。

　　也许在有些人看来，爱情并不是自己生命里最重要的东西，会对此表示很不理解，但是对于 L 来说，爱情就是她的全部，而 G 就是她所认定的爱情，她的梦。在我眼里，这不仅仅是一个单纯的爱情故事，L 的坚持，是对执着这一词最好的诠释，我也不是要用这个故事来误导大家盲目追求，L 自始至终都很明白自己的所做与所等。不管是她，还是其他人，在追求梦想的时候，都要记得问清楚自己两个问题：对不对？值不值？而 L 的答案很坚定，她一直都在忠于自己的内心，选择了执着。而有的时候，梦想与现实，所差的仅仅只有一步的距离。

第三辑

婚姻的酸甜，说给成熟

对于婚姻，不敢说有太多的感悟，却有着太多的感慨与感动，
人生路上得一良人相伴，这是一件需要运气又需要智慧的事情。
婚姻是约束，也是责任，婚姻不是手机游戏，
不能结束了就能全部刷新重头再来。
婚姻需要经营，永远不要把婚姻当作儿戏，学会善待婚姻，
一路走来未必都是快乐，然而尝尽五味杂陈有时候也未尝不是一种收获。

N年之痒

其实婚姻就如一本书，有多少个家庭就被翻译成多少种语言，只有当事人才能真正看懂，冷暖自知，外人看到的，永远只是封面而已。可能正是因为如此，有些人对于别人婚姻家庭的关注度，不管是公众人物，还是亲朋好友，总是会不自觉地超过正常兴奋值的范围，有时真是让人哭笑不得。

不再相信爱情的人们，其实都在渴望能收获一份真正属于自己的爱情，拥有一段始终如一的婚姻，一边不再相信童话，一边却在期待童话，矛盾不已。就像曾经的自己。

我和我先生从认识恋爱到结婚，至今已经有八个年头，这么长的时间，我习惯用一句很现实的话来形容：如果有期限为10年的房屋贷款，也快要还完了。

想起和我先生逛街的时候，每看到中意的东西，总是会习惯性询问他的意见。他有时候会给出这样的答案："还不错，不过更适合年纪再大点的。"一般情况下我都会将手上的东西默默地放回原处，然后转身走人。但是近两年来这段对话有了延续。我:"大哥,我就是那个年纪再大点的人了!"八年,算不上太长,却也不短。一个女人能有几个八年,即便在他心里总是习惯性还把我当成十八岁,也无法阻止时间的流逝。

刚和他恋爱的时候,不过二十出头,生龙活虎的鲜活,对自己却不太自信,想法也很简单,打心眼里不相信会有一个人能全心全意地接纳自己,更别说天长地久了。但是仗着年轻,才敢不管不顾地去尝试,所以,对于感情,不是不在乎,只是不敢太在乎,怕一不小心就伤了自己,那时的自己就像一只躲在壳里不愿意完全出来的幼鸟,让我现在的先生很是苦恼,叫苦不迭。

幸运的是,先生并没有放弃对我的治疗,经过不少折腾后,突然有了这样一种感觉,似乎除了对方,再没有人会像他一样有耐心了。所以,过程不表,算得上跌宕起伏。我还是和他走在了一起。

有时候无事,我会翻看曾经写下的私密日志,关于婚姻的部分,大半都是情绪的发泄，剩下的一小半则是感动。回想自己结婚之后的心路历程，也并不是一帆风顺，遇到过瓶颈期的时候同样无助与迷茫，所以才会写下那些文字。

婚姻初期，并没有体会到婚姻所带来的改变，生活方式也几乎和从前一样，除了两个人现在天天要在一起。可是，随着时间的推移，尽管先生已经足够包容我，争吵和摩擦还是在所难免的多了起来，有时候起因仅仅是一件鸡毛蒜皮的小事。严重的时候就跟互相扔刀子和射冷箭一样伤人。之后互不理睬，有种谁先主动谁就输了的豪迈气概。再之后，各有输赢，无法统计……

在吵架的时候，我先生偶尔会说出一些不经过大脑的话，开始听到后，总是认为对方已经开始厌烦自己，气恼又沮丧，开始对自己的婚姻悔恨不已，一度感觉自己所嫁非人，甚至开始思考起了要不要离婚的问题。

毕竟在恋爱时期，两个人在彼此面前，大部分时间都在展示着自己最懂事的一面。初期约会时也会特别在意自己的形象，衣着是否合适、发型妆容是否好看、交谈是否得体，等等。两人都已经习惯了对方最美好的一面，然而婚后的生活，夫妻双方在一起的时间越久，彼此身上的缺点就展现得越多，万一遇到心情欠佳的时候，这些缺点还会被无限放大，看不顺眼到极点，最终不可避免引发争吵。

过多的争吵让我们都有了危机感，开始冷静地思考解决问题的方法。不要因为相处时间很长，就不再需要沟通，沟通永远是最有效的方式，至少我和我先生都是这样认为。经过探讨，两人终于发现了问题的根本，其实情绪才是最大的罪魁祸首，我和他总是会把当天工作中遗留的情绪一起带着回家，因为工作性质完全不一样，就算遇到困难或委屈，只是自己承受，基本不会有和对方沟通的想法，如此一来，找碴便成了唯一的撒气方式，想起来还真不值当。从此之后，我们形成了一个习惯，每天下班回家都会分享一些工作中遇到的事情，或有趣或气愤，有时候需要作决定的时候还会咨询对方的意见，很是融洽。

如今，即便两人再争吵，都已经无法达到当初那种气吞山河的气势，还没说上几句，要么一方偃旗息鼓，要么一方转移话题，化解得干干净净，没有一点尴尬的气氛。

在七周年的时候，我曾经开玩笑地问先生："你说，我们的七年会不会痒？"我先生佯怒："早就痒得不行了！还好我有痒痒挠。"虽是玩笑话，却不得不说是事实。婚姻能急速地让人成长与成熟，却也能很快地让人厌倦。每个人都会出现审美疲劳，不管是视觉上还是心理上，人们对于一成不变的生活都有一种本能的抗拒。"七年之痒"不过是对婚后夫妻双方从热恋到熟悉再到平淡无奇，最终因为各种压力而进入婚姻"危险期"的一个形容，不光七年，也许是三年、五年，甚至一年。

人与人之间的相处本就需要相互理解与磨合，何况是原本素不相识的一个人最终却要和自己过一辈子。都说婚姻是爱情的坟墓，时间一长自然少了当初的激情，可是两个人在相处过程中，互相适应对方，迁就对方，相互之间产生的依赖，又有谁能真正代替。爱情并不是永远的代名词，而亲情则如水，平淡却不能缺少。夫妻之间的相处本就是一种彼此习惯，很多老夫妻们都把彼此当成了至亲之人，就像左手与右手一样，虽不新奇，断掉却能感到钻心之痛，才知无可取代。

有此思量，又何惧几年之痒？

贫贱夫妻百事兴

我认识这样两对夫妻。

第一对夫妻，A和B，两人原本是一家公司的同事，A老家在临市某县的一个镇上，现在是南方地区的销售区域负责人，很是精明能干。B比A小6岁，是综合部的区域秘书，年轻漂亮还有一点小虚荣。

我是在毕业之后便进入了与他们同一家公司，那个时候A和B已经都快要准备结婚了，由于和B年纪相仿，她对我也慢慢地无话不谈。据其他朋友透露，当年A在追求B的时候，很多人都笑话他是"老牛吃嫩草"，A长得也算高大帅气，B娇俏可人，一对金童玉女，让人羡慕。只是大家不知道的是，B在婚前一段时间，经常跟我诉苦，因为A想让她婚后做全职太太，而当时的B也不过才二十出头，玩性正浓的时候。可是B虽然是本地人，但是家里的条件并不优越，一家三口窝在一个老巷子里的小房子，父亲身体不好，偏偏还很好赌，一直以来都靠着妈妈一个人的退休工资过活，在B上班之后家里的条件才略微有了一些改善。而A虽然是农村出身，原本也是生产车间的一名普通员工，却自告奋勇要去开拓市场，凭着吃苦和机遇，竟然一步步走到了今天这个位置，在公司里还有了"黄金王老五"的外号。

　　A对B的唯一要求就是婚后辞职，理由是结了婚的男人不该再让女人抛头露面。B才会如此苦恼，要为婚姻放弃自由她很不甘愿，但是要为自由放弃改变自己命运的机会，她却更加不舍，当时在众多追求者里选择A，自然和他的经济条件有着不小的关系。最终，她还是答应了A的要求。

　　婚后离职的B在家的日子很是清闲，由于A经常要在外地出差，家中的家务打扫都有阿姨上门，B一个人待在新装修的房子里无所事事，只能打打电话上上网聊以解闷，有几次忍不住还跑到了公司里来找我们，只是为了一起吃个饭，用她的话说就是，一个人吃饭山珍海味都食之无味。很是楚楚可怜。

　　后来，B怀孕了，整个怀孕期间，A为了不让她到处乱走安心养胎，把自己的母亲接过来照顾B。很早的时候A就想让母亲过来一起住，只是B强烈反对，死活都不肯让步，只能作罢。而B现在有孕在身，自己母亲又要照顾父亲无法抽身，只得同意。谁知A的母亲来了之后，几乎没做过什么事情，活已经被阿姨全包了，她每天做的就是看看电视，去麻将馆打打麻将，然后有事没事就在B面前念叨，大意就是讽刺B嫁给A真是沾光了，怀个孕还要劳她大驾过来，真是金贵，诸如此类，让B差点没患上抑郁症。而A还是经常在外出差，即便回来，也只是要B懂事一些，不要和老人计较。B无奈，干脆每天要么把自己关在房间里，要么就下楼散步，尽量避免与婆婆面对面交流。后来可能A的母亲自己也住得无趣，找了个要替A的姐姐带孩子的理由回老家去了，一直到B生完孩子都再没来过，最终月子还是由B的母亲抽空来照顾的。

B每次和我打电话，一大半的内容都是再抱怨，每次都是说着说着就哭了起来，伤心不已。A是一个很大男子主义的人，传统甚至有些封建，在他眼里女人最大的事业就是在家相夫教子，孝敬老人。所以B每次受了委屈向他抱怨，都几乎得不到任何言语上的安慰，A给她最多的就是每个月足够花的生活费。

不久之前我带着孩子去医院看病，碰巧遇到了B，她也带着自家的孩子，不同的是我是一家人，她是一个人。才跟我聊了几句，眼泪又忍不住掉了下来，B说，她想过离婚，却没办法离，她舍不得孩子，而且这么久没有工作，也担心离了他没法养活自己，让孩子也受苦。我找不到合适的话语安慰，只能默默倾听，看着B憔悴的样子，仿佛老了好几岁，再也没有了曾经的活力。

不得不说B是一个悲剧，她为了让自己的生活有所改变，却丢失了自己。偏偏她没办法做到随遇而安，也没法改变，便只能过着一边抱怨一边继续的生活。如今社会，有些人把物质当成了择偶第一条件，却往往忽略了其他方面，譬如，家庭背景、性格，等等。B把婚姻想得太过简单，认为只要两个人好好过日子便好，可是婚姻不像房屋合租，不合适可以再找。接受了一段婚姻，就相当于接受了他（她）的一切，如果在婚后才发现彼此的人生观、价值观有着严重的分歧，再想抽身为时已晚。

现在我想说另一对夫妻，C和D。C是80后，原本是一家小公司的网络管理，收入一般、前途一般、家庭条件也一般。后来离职后用积蓄买了一台面包车，替人装货运输，赚些小钱。他是经朋友介绍认识的D，D中专毕业就一直外出打工，当时是一家小化妆品店的店员。C热情细心，在我们朋友之中人缘非常好，一开始他带着D一起参加我们聚会的时候，几乎每个人都不太喜欢D，因为她太不合群，有时候好心的朋友会特意发起话题想要拉近距离，D却总是不太理睬，只是礼貌应付，让人非常扫兴。再后来，由于D的原因，聚会的时候朋友们也就不太通知C了，有时候谈论起他们，也都表示不太看好，为C捏一把汗。

可是，我们却等来了他们结婚的消息。在婚礼上，我们发现，D的性格开朗了好多，都能和大家开起玩笑了，看着我们吃惊的样子，C一脸得意的笑，原来他为了改变自家媳妇的内向的性格，让她辞职进了一家保险公司做起了业务员，目的就是让保险业那种激情澎湃的企业文化感染一下D，没想到还真有点效果。开朗了一些的D果然可爱多了，朋友们对之前妄下的结论，都表示惭愧不已。

婚后两人和C爸妈一起住在他家老房子里，之后不久D就怀孕了，其实当时的经济条件并不太允许再多一张嘴，但是两人还是决定把孩子留下。D在怀孕后期不再适合上班，便请假回家休养，没事就自己动手给孩子做做小衣服、小鞋子，非常心灵手巧。C去找过几份工作，都做得不太长久，最后在一家快递公司当起了快递员，每天用自己的面包车拖货、送货，早出晚归，异常辛苦。我从没听过这俩夫妻互相抱怨过对方，真是好奇他们是不是从没吵过架。

就在上周我参加完了他们女儿的百日宴，小家伙胖乎乎的特别可爱。我打趣地调侃C："你最有福气了，老婆贤惠孩子可爱，都没见你们红过脸。"他呵呵一笑："老婆也总是抱怨我没时间陪她，我每天开车送货已经累到不行，还哪有更多的时间应付她，不过我也知道她只是宣泄一下，每天和两个老人待在家里带着个小的也不容易，所以即便心里再冤枉，我也会顺着她。其实我妈有时候也会帮着她一起骂我，我每次看到老婆和婆婆的关系这么融洽，再怎么挨骂都高兴啊！"

　　回来的路上，我和老公说起这段话，一边感叹 C 的善解人意，老公看了我一眼，给我说了另一件事情。有一次老公要 C 帮忙去拖点货物，路上闲聊，C 说到在他没有工作的时候，有一次和 D 一起开车回娘家，路上想着顺便带几个客人，赚点油钱，那时候的 D 已经快临盆，大着个肚子顶着太阳在路上给他叫客，那时候他就下定决心，一定要尽最大的努力照顾好她，不让她受委屈。他现在的目标就是等攒到了足够的钱，就开一家小小的超市，让老婆每天守在家里数钱，不再辛苦。

　　听完老公的话，我没有再发表意见，只是又想起了 B，夫妻之间除了家庭和物质之外，最重要的却是互相体谅与扶持，谁说贫贱夫妻百事哀，尽管家庭出身天生无法改变，可是物质条件却可以创造，最珍贵的还是两个人之间的相互理解，在生活中，请更多地试着换位思考，也许你会有不一样的感悟。

别把婚姻当成一场豪赌

曾经在某论坛上看到一位姑娘写了一篇关于自己婚姻的励志故事，故事大概内容是姑娘和她老公一见钟情，认识29天便去领了结婚证，然后去男方老家办了一个简单的仪式，男方家在偏远的农村，一间小土屋，连一张像样的婚床都没有，只有婆婆见证了他们的结婚仪式，典型的裸婚加闪婚。姑娘说她在看到这一切的时候，内心也非常纠结，最终内心的天平还是倒向了爱情，于是她决定下一次人生中最大的赌注。故事的结果自然是好的，老公在她的支持下外出创业，经过种种挫折后，终于有了小成就，让她有了一个真正的家。

作者有一句话说得非常好：家的意思就是一家三口能快乐地生活在一起，不管租房还是买房。这句话我很认同，只是还是不禁为这姑娘捏了一把冷汗。无疑作者是幸运的，她在完全不了解对方的前提下，遇到了对的人，并不是每一个人都像她老公一样人品优秀、勤劳吃苦，值得信赖。万一下错赌注，代价可能会大到你不敢想象。

J是某美术学院的高才生，研究生快毕业的时候认识了她的前夫Q，Q

是他师兄，在一次学校美术比赛中认识了 J，然后便展开了热烈的追求，在此之前 J 根本没有谈过一场真正的恋爱，无法招架住 Q 猛烈的攻势，败下阵来。J 还在读书期间，在书画界的新人里就有了一些小名气，还办过一次个人画展，要是照着这条路走下去，前途一片光明。毕业之后，J 便带 Q 回去见了父母，Q 用甜言蜜语哄得 J 一家人都开心不已，加上 Q 本身长得也很阳光，J 的家对他很是喜欢。之后同一年，Q 带 J 回去见了父母，读完研究生之后的 J 已经过了 25 岁，男方家人便以这个为由要两人早些结婚，此时两个人在一起的时间并不长，J 对 Q 的了解也仅仅局限于平日的相处上，周围的人都劝她三思，可是最终 J 内心的天平还是偏向了她所谓的爱情，于是便和 Q 领了结婚证，这个时候 J 和 Q 恋爱才仅仅不到半年。

Q 老家在邻省省会某个县城的郊区，婚后，Q 强烈要求 J 跟着他回老家，理由是他要在老家县城开一间美术培训室，需要 J 的支持，以当时 J 的水平来说，要待在一个小小的培训室内实在是大材小用，可是 J 已经被爱情冲昏了头脑，最终还是和Q一起回了老家。Q当时给J的承诺是，先不举行婚礼，等培训室正式稳定下来后，会补给J一个浪漫温馨的仪式，J对这些形式化的东西并不是太在乎，但是难得Q还能主动提起，心里自然高兴不已。回到老家后，两个人便马不停蹄地开始找地点、置设备、发招生广告，很是忙碌。

终于培训室正式开业了，因为Q的家在郊区，夫妻俩就把自己的婚房安在了教室楼上的阁楼里，每天两人轮流上课教画，凭着很强的专业性和扎实的功底很快赢得了家长们的信任，最终一传十，十传百在县城里有了很好的口碑，生源也逐渐多了起来。刚开始的时候，Q还跟着一起经营，到后来本性便慢慢暴露出来，他开始拒绝上课，除了收取学费之外，每天窝在阁楼里玩网游，不再理会培训室的任何事务。J气急，却又不忍心抛下自己一手打造起来的成果，只能一个人苦苦撑着。好在大部分学生都是冲着J的教学水平来的，并没有影响多少生意，只是一个人上完课下来，几乎都要散架了。即便如此，J下课后还要买菜做饭、包揽其他家务，而Q则继续心安理得玩着自己的游戏，累了就睡觉，没有任何要帮忙的意思。

这样的日子过了一段时间，哪怕温婉的J也会有了爆发的时候。可是无论J怎么劝说，Q都是一副无赖的嘴脸，对她的态度就是反正你是我老婆，你做这些都是应该的。J没有办法，只能用回娘家来施加压力，Q这才紧张起来，好言好语相劝，还难得下厨做了一顿饭。J以为自己的施压有了效果，谁知第二天Q把他老娘叫到了培训室，对J开始了明目张胆的监视，无论去哪里都有他老娘跟着。J开始用不上课来反抗，却换来了Q的一顿毒打，备受摧残的J只能继续工作，由于精神状态太差，教学水平明显不如以前，很多学生在上完一期课之后便没有继续，培训室的生意越来越差，Q 恼羞成怒，干脆将 J 软禁起来，禁止了她和外面的一切联系。

那一段时间 J 过得异常艰苦，除了身体上的煎熬更多的是心灵上的痛苦，她怎么都想不明白曾经温柔甜蜜的老公怎么就变成了这样，冷静下来之后再想，才明白 Q 一家人只不过把自己当成了生财工具，而婚姻则是绑住她的最佳武器。J 后悔不已，想尽办法离开，最终趁着 Q 的一次疏忽，用他的电脑和以前的朋友取得了联系，得知消息后的大家大吃一惊，谁能想到曾经的天之骄女竟然过着那样的日子。

到邻省去接 J 的那天，我也在场，J 已经不知道多久没见过阳光，脸色异常苍白，原本圆润健康的身材近乎成了皮包骨，J 父母看到女儿这个样子，抱头大哭，边上的朋友们也忍不住跟着落泪。由于事情已经超出了正常范围，来之前我们报了警，警察以调查的名义带走了 Q 和他的母亲。

J 回家之后通过法律途径和 Q 离了婚，而 Q 也得到了自己应有的惩罚。在 J 静养的期间，我去看了她，经过一段时间的休养，渐渐恢复了元气，看上去气色不错。我不忍心问起她那一段婚姻，对于任何女人来说这都是一段难以接受的经历，不过 J 比我想象中坚强，她主动说起了自己和 Q，她告诉我，当时被 Q 的花言巧语迷惑了，加上家人害怕她因为读书太多而难以找到对象，才会有了这段仓促的婚姻，不是没有想过，只是觉得自己应该没那么倒霉，如果能再给她一次机会，她不会再拿自己的幸福做赌注，只是现在事已至此，就只能向前看，趁着年轻还能重新选择做自己。

我看过不少姑娘含泪倾诉自己婚后生活的各种不幸，大部分的倾诉者都有着几个相同特点，要么对男方了解太少，或者像 Q 一样男方刻意隐藏自己的真实性格与目的；要么清楚男方的劣根性却一直对其抱有希望，认为他总有一天会被自己感化，浪子回头。当然每一件事情都有自己的偶然性，就像文中开头的那位姑娘一样。可是，谁又能保证每个人遇到的都是那个对的人呢？永远不要把自己的婚姻当成一场豪赌，也许一时的冲动决定，就会毁了你一辈子的幸福，输掉一次，可能就再也找不到翻盘的机会，只能悔恨终身。另外也不要为婚姻而牺牲自己全部的生活，即便是夫妻，也是两个独立的个体，都有权利选择自己想要走的路，只有相互之间有着足够的了解和尊重，才会拥有更加美满的婚姻。

有时成全也是一种美

趁着中秋节放假，我回了一趟老家。到家才听妈妈说起，堂姐离婚了，原因是发现了姐夫感情出轨。

堂姐今年38岁，结婚已经15年了，姐夫是老家有名的企业家，家境非常优越，两人有一个女儿，正在读初一。在我的印象中，夫妻两人一直都是大家眼中的模范夫妻，过得很是和谐。而姐夫更是一个非常优秀的男人，能力和人品兼得，在他身上几乎看不到一丝生意人的铜臭味，反而更像一个书生，温文尔雅，让人怎么都不敢相信他会出轨。

从小这个比我大上10多岁的堂姐就非常疼我，长大之后，更是像亲姐妹一样无话不谈。而这次离婚她并没有告诉我，想必是不想我担心，听到消息后我还是联系上了她，两人还是像以前一样，坐在清雅的茶室里，闲聊着彼此的生活，只是，这次彼此的心境却要复杂很多。

堂姐的心情比我想象中要好很多，说到离婚的时候嘴角还是泛起了一丝苦笑，她说："该来的终究会来的，我们并不像你所想象的那样完美。"

堂姐和姐夫两个人性格都比较内敛，婚后的生活从没有过热恋的澎湃，一直都是平平淡淡、相敬如宾，而堂姐却很满足这样没有压力的相处模式，认为夫妻久了都会这样，他们只是提前到了而已。不过姐夫一直都是合格的好丈夫、好爸爸，这么多年的夫妻感情，传统的他在个人问题方面一直都洁身自好，甚至连女性朋友都没有几个。所以对于姐夫的出轨，堂姐也是没有想到的。

就在今年端午节没过几天，姐夫又要出差，这么多年堂姐已经习惯了他的出差，因为工作的关系，经常要做空中飞人，穿梭于各地，来去匆匆。

就在姐夫出差后的第三天晚上，堂姐突然接到了姐夫司机打来的电话，说姐夫胆结石发作，疼得不行，现在正在医院准备做手术，要她带点衣服过去。堂姐非常吃惊，不是出差了吗？怎么会突然回来了。不过她来不及多想，便收拾好东西赶往了医院。司机说的果然没错，姐夫果然躺在病床上，可能是因为疼痛，脸色蜡黄，一问才知道要等到第二天上午才能手术。堂姐问他什么时候发病的，怎么出差不说一声就回来了。姐夫告诉她当天下午才到的公司，还没来得及打电话回家，便疼得不行，想着在办公室休息下就好，谁知越来越严重，才叫司机直接送到了医院。

那晚堂姐一直在医院照顾姐夫，第二天一大早，姐夫主动要求她先回去照顾好孩子再到医院来。姐夫是出了名的疼孩子，为了让孩子吃好饭，他特意在学校附近租了个房，每天堂姐中午都会过去给孩子做饭，然后再陪女儿睡个午觉。

　　堂姐看离手术时间还有几个小时，便急忙赶回家给女儿做好了早餐，然后叮嘱她中午就到食堂吃，随后向公司请了假便又赶回了医院。

　　上午11点钟，姐夫被送进了手术室，虽然是个小手术，却也叫人放心不下。堂姐守候在手术室外却总是感觉到哪里不对劲，但又找不出任何原因。在堂姐的胡思乱想中手术很快就结束了，因为打了麻药，姐夫还要一段时间才能醒来。堂姐守在病床边，这时姐夫的手机响了，她拿起电话，没有显示名字，因为职位的关系，姐夫经常会接到一些推销电话，堂姐也没有在意，便按了静音等它自己响完，等那边终于挂断了，她这才发现，在手术的这段时间里，这个号码一共显示打了十多个电话。堂姐留了一个心眼，记下了这个号码，并委托通信公司的朋友查到了号码的主人。

　　几个小时后姐夫醒了，堂姐干脆找理由离开了病房，站在门外，不一会儿便听到了姐夫的声音，看样子是拨通了电话，隔着门并听不太清楚他究竟在讲什么，可是模模糊糊的声音却让堂姐的心仿佛落入了冰窖一般，她突然推开了房门，姐夫的神情一下子变得不自然，声音也突然放大了很多，严肃地对着电话里说："我同意，你自己看着办吧。"便挂了电话。

　　直到这个时候，堂姐都还无法确定，究竟是自己多疑还是糊涂，是自己太敏感了吗？也许根本就什么事都没有发生，生意人有几个电话不正常吗，于是宽慰着自己放下心来。

　　到了女儿快放学的时候，原本准备赶回家准备给女儿做晚饭的堂姐临时改变了主意，于是半路上便给女儿打了个电话要她放学到医院来，再一起出去吃饭,说完便原路返回医院,却看到病房里,姐夫和一个女人抱在一起,动情地说着什么,甚至连门口有人都没有发觉。

看到自己的猜测变成事实,堂姐却平静了下来,她默默地退回了走廊离开了,在医院门口等到女儿一起吃过饭才又回到了病房,那个时候女人已经不在了。

晚上,堂姐终于拨通了那个被牢记在心里的号码。接通后,堂姐叫出了对方的名字:"××吗?"

"是我。"女人并不吃惊,声音很平静。

"我是××的妻子,谢谢你来看他。"

那边半天没有声响,也许被这句话弄得有点措手不及。而堂姐打电话给她也只是想证明是不是真的是这个女人。最后堂姐提出了见面的要求,她同意了,并给了堂姐她家的地址。

女人的家布置得很艺术,很多造型独特的装饰,客厅里放着一个大大的书柜,堂姐细看了一下,哲学、艺术、文学类,都是姐夫喜欢的书籍。从外表看,这个女人没法让人讨厌,白净、秀气、知性,连穿着都是淡淡的素雅,让人感觉到很舒服。

那晚,两个女人聊了很多。女人和姐夫已经认识两年多了,原本她是姐夫的合作客户,一起吃过几次饭,直到彼此渐渐熟悉,慢慢有了感情。堂姐从女人嘴里听到的,仿佛不是姐夫,而是另一个陌生的男人,在堂姐眼里,她的老公应该是沉默寡言的,是一个家庭的顶梁柱,而不是那个晚上睡觉会怕黑、聊起天来话多得不行的陌生男人。更讽刺的是这些还都是从别的女人口里听到。女人还告诉堂姐,姐夫犯病那晚,她正好不在家,回来之后却不知道他去了哪里,才打了那么多电话,不然一般情况下她是不会打扰的。因为她的底线是不伤害姐夫的家庭，如果事情被发现，她马上就会和他分手。

堂姐说到这里后对我说："这个女人是一个连我都会喜欢的女人，她诚实、细心、善解人意，也没有通常第三者的虚荣，她不需要喜欢你姐夫的物质，我能想象到，你姐夫和她在一起的时候有多自在和开心。"堂姐端起杯子喝了一口茶接着说道："她说得很对，我知道你姐夫对哲学、文学之类的爱好，却不愿意花那个时间和脑子迎合他，我总以为我们已经是夫妻了，只要天下太平就不会出什么问题，现在看来我错了，我除了家务和孩子，都几乎不和他说别的了。相比起来，我才像那个真正的第三者。所以，我决定成全他们，也成全自己，我要感谢她，是她让我看到了你姐夫的另一面，也让我明白了在这场婚姻中我能扮演的角色永远只有妻子和母亲，没有朋友，结束这场婚姻，也许我会有不一样的生活。"

最后，堂姐告诉我，离婚的事情她和孩子谈了一次心，她并没有告诉女儿爸爸做了不好的事情，只是说两个人不适合在一起了，但是爸爸和妈妈还是非常爱她，不会改变。女儿很懂事，现代的小姑娘总是比大人想象中的接受能力要强得多，最终女儿还反过来安慰起了妈妈，让妈妈做好自己的选择。有了女儿的理解，两个人和平地办了离婚手续。

听完堂姐的故事，除了佩服她的豁达与魄力，更多的却是我对人性的多样化有了更多的思考。不管是男人还是女人，每个人都有自己脆弱的一面，都是需要保护的动物，有着孩童般需要被关爱的渴求，而夫妻之间往往就会忽略了这份渴求。并且相处的时间越久，就越需要交流，就像我和我的老公一样，彼此熟悉得仿佛就要忘记彼此之间还需要交流，相处得越久越希望交流，年纪越大越渴望沟通，沉默的爱情，只会让爱渐行渐远。而频临死亡的婚姻，选择结束也许是一种解脱和新生活的开始。

幸福就在当下

好友小茹和平结婚的时候，正好30岁，平比小茹大3岁，两人都可以说是大龄男女。小茹人很漂亮，性格也温柔，职业是公务员，对于她的婚事为什么会拖这么久，也都是大伙纳闷的事情。不过我知道，小茹有过一段大学恋情，毕业之后便无疾而终，之后就再没有见过她有正式的恋爱对象，直到认识平。

平原本也是在机关工作的公务员，却放弃了清闲稳定的生活选择了下海，和朋友一起开了一家小公司，销售原材料，为了能做出一条生路，平把全部精力都放在了生意上，自然耽误了自己的个人大事。

小茹和平是在一次相亲活动中认识的，两个人的父母都为自己孩子的婚事焦急万分，曾发动各种人际资源，只为尽快解决他们的终身大事，了却一桩心愿。幸好碰巧凑在一起的两个人，对彼此都有了感觉。

交往一年之后，他们终于结婚了。婚礼上，大家都能看得出来，两家的家长们总算松了一口气，他们的喜悦比起我们这些朋友多了不知道多少倍，也许只有子女开始知道为父母而活的时候，在他们看来才是真正的懂事了吧。

　　小茹婚后的日子过得很幸福，一旦进入到婚姻家庭，小茹俨然就是一个能干又贤惠的女人，她毫不掩饰对平的依赖和对家的热爱，小茹还曾打趣地告诉我，连平都吃惊原来自己娶了一个这样的好老婆，原本以为岁数不算小的两个人在一起不会有什么激情，却被小茹的生活态度一下子给激发了出来，日子过得快乐又新奇。

　　只是小茹有时候会跟我抱怨，说平有时候会有点闷闷不乐的样子，有时会望着天花板发呆，有时候叫他好几声才有所反应，但是有时又会突然伸出手来把她抱紧。女人都是敏感的，小茹虽然很是捉摸不透平的心思，却暗暗地放在了心里。

　　结婚3个月之后，小茹就怀孕了，两家人自然欣喜若狂，只是才知道消息便迫不及待地开始给他们准备宝宝的用品。每次体检完小茹都会高兴地打电话给我，汇报宝宝的发育情况，说要把喜悦和我一起分享。小茹尽管年纪不小，但是身体很不错，一直到生都非常顺利。

　　小茹分娩的当天，我赶到了医院，阵痛已经持续了一天，平心疼不已，叫着要医生进行剖宫产手术，小茹却坚决不同意，硬是咬着牙又坚持了一晚上，才平安生下了一个整整八斤的大胖小子，难怪那么费劲。孩子抱出来之后，平第一时间跑到小茹的床前，亲吻着她的额头，还一边激动地对她说："谢谢你老婆！我一辈子都会对你好！"小茹有些不好意思的推开了他，脸上却不由泛起了疲惫却开心的笑容。我由衷地替她感到高兴，庆幸她终于找到了自己的幸福。

　　做了母亲的小茹，孩子成了她生活的重心，和我之间的话题也大部分都变成了育儿经，性格也比以前更加平和，也许是孩子激发了她的母性，整个人看起来比以前更有女人味了，优雅又从容，光彩照人。

小茹休完产假便又开始上班了。她没有给孩子完全断奶，当起了背奶一组，每天早出晚归，即便如此，她身上的力气仿佛用不完似的，一下班就带孩子，有几次打电话过去的时候她竟然还自己下厨，如此旺盛的精力不得不叫人佩服。用她的话说，孩子仿佛就是激发她小宇宙的最大动力，尽管辛苦却充实无比。看来，小茹已经彻底完成了女孩到女人的蜕变，魅力无敌。

由于新婚的时候平工作太忙，蜜月一直耽搁下来，孩子长到快两岁的时候，在平的坚持下，夫妻俩把孩子送到了爷爷奶奶家，正好趁着这个机会飞到海南，过不了蜜月，就过一次蜜周吧。我开着车把他们送到了机场，上飞机前，两人还旁若无人地打情骂俏，羡煞旁人，我赶紧把他们赶进了安检，免得在这里惹人眼红。

小茹回来已经是一周之后了，到家后的第二天，她以给我礼物的名义把我约了出来，原本应该喜悦的脸上却密布愁云，一副心事重重的样子。一见到我便告诉我她感觉平出轨了。我表示难以置信，她便详细叙述了事情始末。原来下了飞机，两人在等行李的时候，他们遇到了一个看上去30多岁的女人，一见到这个女人，小茹便很明显地感觉到平的身子整个便僵直了，直觉告诉她平认识这个女人，可是他并没有和她打招呼，而是取了行李直接往出站口走去。小茹以为是自己太过敏感，便没再放在心上。出站后平要小茹看着行李，说自己要去上个厕所，等待平的过程中小茹无聊，便拖着行李箱乱逛，却发现平和那个女人站在一个角落里交谈，不过没一会儿平就打算离开，最后女人塞给了平一张小纸条，便各自离开了。

小茹回到原处，尽量让自己平静下来，和平碰面后她装作漫不经心地问他怎么这么久，平脸上非常自然，没有一丝破绽，回答说接了个客户电话，时间便长了点。小茹强压住自己心里的好奇，没再多问。

在海南，小茹心里一直带着某种期盼，希望平能主动告诉她关于那个女人的事情，两人的关系和那张小纸条。可是平却没有一点想要提起的迹象。

就在准备回来前一天的傍晚，平突然告诉她有个客户正好到了当地，要和他一起去谈点事情，小茹立刻猜到了什么，他可能要去见那个女人了。之后，她在平出门后偷偷坐了另外一台电梯跟着下了楼，然后看着平在门口等着，不一会儿那个女人便出现了，两人一起上了一台车，绝尘而去。那天晚上，小茹一直心神不宁，一直在想这个事情的原委，也一直不停地给平找借口，可是却没法说服自己，从平刻意对自己的隐瞒来看，他们的关系肯定非同一般，这是显而易见的。而他们现在在干什么，却是小茹最不敢想的问题，焦急、愤怒却无可奈何。

不过小茹已经不再是从前的小姑娘，她现在已经有着足够成熟的一部分，在那难熬的时间里，她不断地告诉自己平不会背叛自己。可是那晚，平凌晨才回到了房间，并没有做任何解释，只是紧紧地抱着她睡了。

第二天，小茹便开始了和平的冷战，平也感觉到了她的异常，却还是保持沉默，从海南回来到现在，也没有做出任何解释。所有关于他们之间的想象，就成了小茹的一种巨大折磨，她再也坚持不下去，便约我出来，想要听听我的看法。

其实听完她的诉说，我也替小茹捏了一把汗，只要是个女人，任谁都会产生这样的想法吧，不过我告诉小茹，凡事都不能只看表面，你有知道真相的权利，有什么问题直接问出来就好。小茹思考了一会儿表示，其实不敢问平只是害怕她所想象的真的变成事实。不过，她还是决定勇敢一次。

几天后，小茹再次把我约了出来，这次她的脸上已经重新浮现起了本来的笑容，看来问题已经解决了。她告诉我，原来那个女人是在平创业的时候认识的，和他保持了将近两年的恋爱关系，也在生意上给了平很大的帮助，可是后来平才发现女人已经结了婚，只是丈夫一直在国外，还有了一个4岁的孩子，平又气又难过，却还是爱她，甚至表示只要她离婚就愿意继续和她在一起，可是女人却以孩子为由拒绝了他。那天晚上，并不止他们两个见面，还有她的儿子，她知道平已经有了自己的家庭，于是用这样一种方式表达了对平的祝福。

小茹还问平是否还在爱她，平回答："与其说爱，不如说是一种遗憾，毕竟她在我生命里有过很重要的一段。去见她也不是表示想要再续前缘，只是在分手的时候两个人是不欢而散的，正好借机会让彼此有个最后的交代，弥补遗憾。"平还说之所以不愿意告诉小茹，一是因为认识小茹的时候事情已经过去很久，另外，他与那个女人之前的关系也比较复杂，难以启齿，虽然是在他不知情的情况下。以前偶尔的发呆也是因为心里一直有着这样一个疙瘩，这回好了，疙瘩解开了。

小茹弄清楚了事情的原委，心也彻底地踏实了下来。我问她："你真的不介意平的过去吗？"小茹说："一想到他们之间两年交往，心里还是会有些不舒服，不过那些都是往事了，我不可能为了一些已经发生过的事情纠结，毕竟现在和他生活在一起的是我，我们有自己的家庭和孩子，努力地过好之后的每一天才是最重要的。"

能用如此豁达的心理解对方，小茹的这番话让我自愧不如。婚姻本来就是进行时,幸福就在当下,夫妻之间最基本的是信任和坦诚,在选择接受一个人的时候,就要一并接受他或她的过去,不论从前有过什么,一个能在现在婚姻中全心投入的人,又有什么是不可原谅的呢。

第四辑

生活中的温情，说给行动

人在一生中所遇到的事情，就像天上的星星一样数不胜数，
有些让你快乐，有些会让你难过，还有一些会让你深深打动，感到无限温暖。
而打动你的事情并非轰轰烈烈、可歌可泣，
反而也许只是一个平凡而普通的行为，不经意间却让人感动。
这些动人的行为就如一杯热茶，暖人心扉，
就让我们沉下心境，慢慢体会生活中的温情吧。

用自己的力量温暖他人

乘坐地铁的时候，常会遇到在车上乞讨的老人或者残疾人，一般是两个人，一个背着个小音箱，合着音乐唱着时代久远的歌曲，有的唱得不错，有的则完全五音不全，另一个人则从车头走到车尾，从好心人手里接过一张张纸币，一面道谢，一个来回之后基本就可以到站下车，然后继续踏上下一趟，如此反复，车上的乘客有些选择无视、有些面对他们的乞讨置之不理，真正拿出零钱的却寥寥无几。每次看到他们，我总是会大方出手，不是为行善，只是觉得他们真也不易，毕竟不到万不得已的地步，谁也不会想用这种没有尊严的方式来讨生活吧。

除了地铁上的乞讨者，还有街上带着孩子的妇人、行动不便的老人或者残疾者，我都习惯性地给予施舍，而周每次看到我进行这种行为的时候，都要忍不住笑话我一番，讽刺我又给丐帮金库添了一块砖。

周是我要好的女朋友，年纪不大，却是小主妇一个，与老公才结婚不久还没有孩子。周是一个很单纯的女孩，说白了，单纯到有点"二"的地步，她可以因为一个毫无笑点的笑话傻乐半天，也可以为一个非常浅显的道理而一头雾水；她很懒，懒得可以因为不愿意洗头而放弃出门，却也很勤快，每天不管多晚回家，都愿意自己动手做饭菜，没有一点不耐烦。不过，就是这样一个姑娘，她每次嘲笑我心软上当的时候，我就会不慌不忙地说出她自己在街上遇到一个号称心脏病发作的男人时，心甘情愿地送出100块的光荣事迹，而这时她就会脸红地反驳："所以，我现在一次当也不会上了。"显然，我也不能保证下次遇到类似情况，她会不会再掏出自己的钱包。

初次见到周的时候，她是以朋友女朋友的身份出现的，利落的短发，高挑的身材，一身偏朋克风格的打扮，酷劲十足，以至于在我看到她的那一刻忍不住吹了一声口哨。朋友笑而不语，开始的时候周很矜持，一直酷酷地坐在那里玩着自己的手机，让我心里不由暗暗担心朋友究竟能不能驾驭得了这样优秀的姑娘。谁知，几杯酒下肚，周便变成了傻乎乎的大笑姑婆，让在座的各位都对这个表里严重不一的姑娘，冒出一头黑线。

后来跟周熟了之后才知道，她常常会一边抱着一盒纸巾看着韩剧一边哭得稀里哗啦；在看到令人气愤的事情时会没有形象地破口大骂；会在遇到小偷行窃的时候上前毫不畏惧地挺身而出，气势十足让小偷落荒而逃，却不知也让旁观的人替她捏了一大把冷汗；然后，就在她一直笑话着我乱发善心的同时，却资助了一个大山里的孩子，时间一直要持续到那孩子完成学业。

　　我是无意中发现这个秘密的，周爱热闹，总喜欢叫上朋友到她家里，她下厨做饭给我们吃，那天大家照样聚集在了她家里。她和我的朋友结婚后就住在之前的老房子里，夫妻两人都不是大富大贵，充其量只能算得上小康，房子是朋友很久前买的一套二手房，不大，布置得却很温馨。因为那天人较多，客厅有些挤，我便麻利地跑进了书房占用了电脑，边上网边等开饭。后来突然发现桌上摊了一封信，我并没有打算偷看人家的隐私，只是就那样放在桌上实在惹眼，为了不让自己犯罪，便想着将它放回旁边的信封里，拿信纸的时候发现上面的字迹非常稚嫩，一看就是出自小朋友的手，而信封上的发信人地址却来自H省一个偏远的山区，于是心里大概了然。

　　晚饭后，我还是没能忍住自己的好奇心，特意慢走了一步，去向周求证。周果然承认了，只是出乎我意料的是她竟然羞红了脸，非常不好意思地请求我不要声张出去，在她眼里她只是做了一件心甘情愿的事，并不值得称道。

　　那是个山区的孩子，有个很好听的名字叫朝阳。周是在一次旅游中遇见的他，当时在一个山区景点，她看到一个不超过10岁的小男孩背着一个竹背篓，正在向过往的游客们兜售装在背篓里面的一些农产品，因为在景区像他这样贩卖东西的人不在少数，很多游客都不以为意，所以小男孩并没有卖出几样东西。不一会儿，天突然下起了雨，大家都跑到有遮挡的地方避起了雨，小男孩也跑到了屋檐下，而站在男孩旁边的就是周，也许是因为生意不好，他显得有些闷闷不乐。看着他沮丧的样子，周于心不忍，便买下了他所有的东西，并和他聊起天来。原来小朝阳正在读三年级，因为放暑假，便利用假期每天从大山深处的家里背一些特产出来卖，把得来的钱攒着用来交下学期的学费，本来妈妈也会一起来的，只是那天正好患上重感冒，所以他才一个人下了山。周听完他的经历心里一动，表示想到朝阳家看看，同行的朋友不放心，表示也要一起去，于是两个人便跟着小朝阳走了好几个小时的山路来到了他的家里，此时天已经快黑了。朝阳的家很简陋，一间土房，里面的电器只有一台老式的黑白电视，床也是由几块木板搭成，有一个妇女躺在床上，想必就是朝阳的妈妈。屋里还有两个小孩，一个看上去比朝阳大一些的小姑娘，正在锅里捣鼓着什么，还有一个扎着羊角辫最多不过三岁的小娃娃，也许是没怎么见过陌生人，两个丫头一直瞪着圆溜溜的眼睛，好奇又胆怯地盯着周看。

周留下来和朝阳家人一起吃了一顿饭，饭菜很简单，炒白菜和红薯粥，都是朝阳的姐姐做的，小姑娘告诉周和朋友，一年到头只有在过年的时候才有可能吃上几顿肉，平时喂养的鸡要留着下蛋，猪便等到养大卖掉，供她和弟弟读书。为了省钱，妈妈这次感冒了也不舍得买药，才会越来越严重，头疼得下不了床。这其间，朝阳一直很乖，听到姐姐说起妈妈，他突然抬起头说："没关系，我是男子汉，我可以挣钱，照顾姐姐和妹妹。"看到这情景，周的眼泪再也忍不住掉了下来。

由于天色太晚，没法再走回去，周和朋友便合计在简陋的木板子上凑合一晚，第二天走的时候，周和朋友把随身携带的常用药都留给了朝阳的妈妈，同时只给自己留了一点零钱，把其他的钱都塞在了她的枕头下，然后跟着朝阳便下山了。之后，周和她的朋友便开始了对朝阳和他姐姐的资助。

"我是第一次亲眼所见，原来这个世界上真的有人在过这样的日子，而且肯定不止朝阳他们一家。我能力有限，可以做的只有这些了，不过我真的很高兴，因为能帮助到别人真的是一件非常快乐的事情。"说完这句话的时候，周的眼睛仿佛就像窗外的那颗北极星一般，光亮无比。

我喜欢周，是因为她在大大咧咧地外表下保持着的一颗慈悲的心，能用最简单的方式看待这个世界，在她眼里，只有是非黑白，没有灰色地带。不要再抱怨这个世界的不公和人性的丑陋，不要忘记，在这样的环境中，同样有着和周一样的人，不求回报，不为名利，单纯地在这个世界里散发着属于自己的温度。世上万般情感的源头，都是一个爱字，心中有爱，才会得到爱，试着去释放自己的爱，才会发现那份由善良所带来的快乐和满足感；永远保持一份简单而善良的心，拒绝冷漠，尽自己的力量去温暖他人，也许人间真的能够四季如春。

传递幸福的使者

在我之前度过的岁月里，曾经经历过一段人生的低潮期，工作原地不动、感情不顺利，还因为某些事情而与家人矛盾重重，过得异常抑郁。

在那段日子里，对任何东西都提不起兴趣，对每件事情都充满了绝望，甚至在与家人的争吵中，吼出了像"你们凭什么不经我同意就把我生下来！生下来之后还不让我过自己想过的日子"这一类的蠢话，如果还在妈妈肚子里的我真的有思维意识的话，估计还是会选择来到这个世界，即便这里的路并不是一帆风顺，可是，对生命的渴望才是人类的天性。现在想想遇到问题不会先从自己身上找原因，反而出现这种不分青红皂白的迁怒，还真是幼稚无比。

在那期间，我总是会思考一个问题，人活着究竟是为了什么，从一出生开始，就被道德传统赋予了各种先天或后到的责任与义务，我大概记得，之所以和家人们争吵，仅仅是因为在一些事情上不能与他们达成共识，他们总是以"为我好"这一永不过时的理由，来左右我做很多事情，也正是因为如此，当年在选择学校的时候，才迫不及待地想要逃离，跑得远远的。可是，直到真的离开了，才知道那份割舍不掉的亲情与关爱，任谁都无法代替，只是想要服软和认错的话却总是说不出口。

最终把我从那个境遇中解救出来的，是和我一起长大的一个好朋友，不过与其说是解救，不如说是被她影响。朋友就叫她小一好了，就在我为各种不顺烦恼得鸡飞狗跳的时候，小一的处境比我也好不了多少，她正遭受她妈妈惨无人道的逼婚。因为她比我大上好几岁，小一在当时已经大步奔向了三十的大龄队伍，可是依旧单身，连个准男朋友都没带回家去过，作为小一母亲来说，自然是急得不行，而小一总是以"传宗接代哥哥已经完成，妈妈就不要再来逼她，不如回家带孙子"这个理由打发她母亲，几番下来，终于惹怒了母亲大人，收拾好了行李直接奔到了女儿身边，美其名曰照顾她的生活，其实是监督个人大事。

我和小一的老家在同一个地方，她比我还早几年来到 C 城，之后便一直在这里定居，不是没有过男朋友，只不过最终因为性格原因没能长久下去。小一的妈妈是一个非常彪悍之人，而她把妈妈的这一特性继承得淋漓尽致，泼辣、直爽、大方，加上自身高挑健美的身材和一头干练的短发，气场十足一般男人还真不敢招惹。小一和男友分手后，便从原来的公司辞了职，与一位大哥一起成立了一家文化传播公司，接一些市场策划推广、展会、婚庆等这样的活动来做，每天忙着接单、做方案、策划布展等，有时我打电话给她，她经常都在活动现场搭台，说不上几句就要挂电话，忙得不可开交，哪里还有闲工夫去理会感情之事。

可是，自从她母亲到了C城之后，小一便陷入了水深火热之中。小一的房子不大，单身公寓，妈妈与她睡在一起，每天一下班，不管任何时段，母亲便开始唐僧大法，在她耳边唠叨，小一无奈只能抱着被子逃到了沙发上。她妈妈还在短期内与周围的邻居混得烂熟，并利用新认识的各种人际关系，给她张罗相亲约会，虽然不会上网，却还是靠着打电话在各大相亲网站替她报了名，让小一每天接各种反馈推广电话无数，苦不堪言。

而当时，同样处在郁闷时期的我，便成了她的垃圾桶。小一并不清楚我当时的心情，我总是习惯一个人默默地郁闷，因为不知该如何向人倾吐。而她每次打电话或者见面的时候，总是会先发上一顿牢骚，抱怨一番工作中遇到的怪事、妈妈对她的各种折磨，等等，一些让人郁闷之事，抱怨结束之后便恢复正常状态，吃喝玩乐一个都不落下，无比洒脱。最让我佩服的一点则是，不管小一在我面前如何诉说她对妈妈的不满，抱怨妈妈的各种过分的行为，她却没有一次和妈妈有过正面的争执，哪怕妈妈再唠叨，她也只是躲开，从不顶嘴；妈妈安排的相亲她也按时赴约，有时遇到太极品的男人也只是在朋友当中当作笑话调侃一番，在妈妈跟前却总是以其他理由婉拒，表现得顺从无比。之所以会这样，她告诉过我理由："我知道妈妈是为我好，只是方式用得太于偏激，这样我更加不能和她吵，不然她会越发担心。而我乖一点，她反而会安心一点，就会认为我真的诚心在解决个人问题，只是没有遇到合适的而已，而我，虽然在感情上不是个成功的例子，但是却还有属于我自己的路要走。这样下去她也不会长期耗在我这里，劲头一过就好了，所以让她开开心心的才最重要，毕竟养大一个人也不是一件容易的事情。"

每个人在遇到危机或不如意的时候，就会像刺猬一样本能地竖起身上的刺，可是这样的行为最先伤到的却是身边最亲近的人。在外人面前，我们习惯性扬起笑脸，却把自己最具攻击性的那一面留给了亲人、朋友或者爱人，其实他们一直都在用他们最大的关爱包容自己。

事实证明，小一是对的，没过多久，她妈妈果然觉得无趣，加上想孙子便回了老家，而小一则从以前的公司撤股，自己单干了起来。不得不承认，和小一在安抚亲人这一点上比较，我真的是失败极了。而在工作和事业上，我又少了一份她所具有的魄力和胆识，还有最重要的心态。小一其实是典型的急性子，在进入这一行之后，作为服务行业，除了要满足某些客户各种稀奇古怪的要求外，有时还要面对他们故意的挑剔与刁难。

我有几次曾陪着她一起谈过单，都为她很是捏一把汗，每笔业务对她的耐性真是一个巨大的考验，但是她还是坚持下来了。她说她曾经也有过放弃的念头，可是每次看到活动成功，特别是婚礼现场的浪漫场景，她都会比婚礼主角还要高兴，感觉之前的所有辛苦都是值得的。小一曾经告诉我她接过为一对花甲老人补办婚礼的业务，那次她比平常更加用心，当看到两个老人在她精心布置，有着很浓的年代色彩的婚礼现场互相搀扶着走过来，小一不禁潸然泪下，那一刻，她觉得不管是工作还是对待自己的爱情，她都还是充满着希望的。

不管是从事着怎样的职业，做着怎样的工作，请试着去喜爱它，用心地对待它，遇到瓶颈，拒绝暴躁，冷静地找寻到原因，你终究会感受到当中的乐趣。就像小一一样，我也相信，把传递幸福当作自己事业的小一总有一天会遇到属于她的幸福。

爱无界限

我休完产假就上班了，白天便将孩子托付给爷爷奶奶照顾，然后，每天下班都会过去和老公一起在婆婆家吃完晚餐再把孩子接走。婆婆的家是原来的单位福利房，不像新楼盘有着很合理的规划设计，虽然显得有些凌乱老旧却很紧凑，典型的 C 城老社区。往返于婆婆家的这段日子，我总是会看到一个大约七十来岁的老奶奶，带着两条狗，一条牧羊犬，一条小型哈巴狗，一边溜达一边捡拾垃圾桶里的塑料瓶等一些可以用来换钱的废品，开始我并未太留意，只知道她也是在这附近的住户。因为我从小对犬类就非常恐惧，有次两条狗狗刚好堵在我回家的必经巷口上玩耍，让胆小的我无法迈开步伐，只得大声呼叫向正在翻看旁边垃圾桶的老奶奶求救，老奶奶听到我的声音便停止了动作，过来把两只调皮的家伙唤了回去，一边还在笑话我胆小，我很不好意思道谢，打个招呼便回了家。

吃饭的时候突然想起刚才的事，便好奇地问起婆婆关于老奶奶的事情。婆婆说，老奶奶姓尹，老伴已经去世了，儿子女儿都已经在别处安家，他的家庭条件其实非常好，却每天带着两只狗狗捡垃圾，可能是闲得无聊吧。尹奶奶除了这两只狗之外，家里还有一只残疾狗和两只流浪猫，但凡在路上看到的流浪小动物，基本都被她带回了家养着，有些死了，有些跑了，最终剩下了这么几只。

其中，那只最名贵的牧羊犬不知道是哪家遗失的，在路上遇见后就一直跟着尹奶奶回了家，尹奶奶拾回它后还托人贴了一段时间的寻主启示，没人响应只能作罢；而收养那只小京巴的经历更是神奇，一天晚上尹奶奶照常捡着垃圾，突然看到垃圾站附近有几个人用一条绳子拖着一只小狗，而小狗非常不情愿的样子，趴在地上不愿意走。尹奶奶以为遇到了偷狗的，便上前说认识这家狗的主人，然后抱起狗就走，结果那几个人一直在后面跟着，她没有办法，只能先把狗狗抱到婆婆家，谎称婆婆是它的主人，谁知那几个人之所以抓那只狗狗，是因为它不小心咬到了其中一个人的小孩，而真正的主人则趁小孩在医院打疫苗的时候跑了，医药费都没有付，只留下一条狗，几个人无奈只能先将狗抓住了，结果遇到尹奶奶，闹了这么一个大乌龙。几个人一开始真的以为婆婆就是狗主人家，非要她拿出医疗费，后来解释清楚后，也只能准备抱着狗再回去，尹奶奶在旁边看着那几个人也不像是会照顾狗狗的样子，想着它真正的主人如此品行，再跟着也不是什么好事，便替被咬伤的孩子出了医药费，把狗狗抱回了家。

再遇到尹奶奶，我便习惯性地和她拉上几句家常，也曾问过她为什么不和子女住在一起，她表示这里住习惯了，街坊邻居也多，加上现在生活还能自理，就不想让孩子们操心，其实最主要的她是舍不得这几只猫狗，和子女住在一起后，这几个小家伙就只能送人了。有一次我跟着婆婆去过尹奶奶家，看到了剩下的几只小动物，那只残疾的黑狗断了两条前腿，没法正常行走，所以没见它出来过；两只小猫咪，一只纯黑，一只普通老虎纹，黑色的那只是只剩下一只眼睛的成年猫，而老虎纹的那只相对来说小一点，不过看上去很健康。看得出来，尹奶奶把它们都照顾得很好，估计经常清理，所以家里也没有太多动物的异味，那条残疾狗更是浑身毛色发亮，很是健康。

尹奶奶平时的时间便全部放在了这几个小家伙身上，每天喂食、清理、散步等，很是尽心。捡拾垃圾也是她打发时间的一种方式，而所换来的钱基本都捐了出去，有几次社区进行灾区募捐，尹奶奶还把自己的退休金拿出了一部分捐给了灾区；街坊邻居如果有个什么病痛，尹奶奶都是第一时间去看望，像婆婆有一次因为胆结石手术住院，她把女儿买过来的营养品全都拎了过来，说是给婆婆恢复身体。因为尹奶奶的好心，整个社区的人都非常地尊敬她，平时她家里有个什么需要帮助的地方，大家都鼎力而助，毫不推辞。

可是，从今年年初开始，就很难再看到尹奶奶的身影了，一问才知道，她因旧病复发一直住在医院里，只有当身体稍微好转才回家住上两天，然后再回到医院治疗。我和婆婆一起去医院看她，原本健硕的老人，被病痛折磨得瘦了很多，让人心酸不已。她一直在念叨家里的那几只猫狗，因为没人照顾，只能分别托付给周围的邻居帮忙，可是尹奶奶还是放心不下，生怕新主人不了解它们的习性，委屈了它们。为了让她安心，婆婆再次去医院看她的时候把那只小京巴也带了过去，看到小东西还是那么活泼可爱，尹奶奶的心才稍微放了下来。就在尹奶奶住院的那段期间，我总是会看到牧羊犬和小京巴两条狗在外面徘徊，就仿佛尹奶奶还带着它们一样，它们总是守在垃圾站以及其他尹奶奶经常走动的地方，似乎在等着她回来。可惜，它们最终没能等到主人。

尹奶奶是在住院大概三个月之后去世的，据说走得很平静，生前对儿女的最后的嘱咐便是一定要替猫猫和狗狗们找到新的归宿，因为被委托的街坊家里也不是富裕之人。尹奶奶的追悼会并没有设在殡仪馆，而是按照她的意愿，在她住的房子前面的草坪搭了一个简单的追悼台，这样街坊邻居和小动物们就都能来送她了。追悼会的那天，非常隆重和热闹，几乎社区所有的人都前来送别这位可敬的老人，大家还带来了她一直心心念念的小家伙们，小家伙们似乎真的通人性，没有了往常的调皮，都安静地守在主人的遗像前，也许它们也知道主人再也不会回来了。

自从尹奶奶去世之后直到现在，我再也没有见到过她家的小动物们，不过我相信它们肯定有了很好的归宿，它们是幸运的，遇到这么好的主人。也许在尹奶奶的眼里，爱就是平等的，不管是人还是动物，都应该有权利享受到应有的关心和关爱，没有任何界限；爱也是相互的，真心真意无私付出与给予，不光能获得对方同样的回馈，还能赢得更多来自于大家的尊重。在尊重与敬爱中度过自己的一生，想必也此生无憾了吧。

遥远的心灵导师

在这里，我想说一个我自己所经历的故事。

我的小学是在一个山村学校读的，在那所学校里，有一个我最喜爱的老师——小P老师。小P老师在大学才毕业不久，被分到我们这个小山村里实习，她并没有因为偏远的工作地点而有任何不满，反而对她的每个学生都非常好，最后还主动要求留在了我们这个学校。小P老师来的时候我刚好在读四年级，她教的学科是——思想品德，应该是学校特意照顾她，分了一个没有太重任务的学科。我记得当时的思想品德课本只有薄薄的一本，里面的内容是由很多个小故事组成，告诉大家一些正确的道理，引导大家积极向上。在小P老师来之前，我们并没有专门的思想品德老师，一般上课时间就被其他的老师当成了自习课或者写作业的时间，而小P老师来了之后，大家对这门课程的喜爱一下子飙升至了第一位，受欢迎程度甚至超越了当时人气最高的体育课，成了教师中一匹名副其实的黑马。

当然，这些都和小P老师的敬业分不开。小P老师年轻漂亮，平常的时候总爱把过肩的黑发随意披散着，而上课时却总是会把它绑成一根马尾，每次转身在黑板上写字的时候，马尾就会在空中甩一条漂亮的弧线，整个人显得活力非常，当时班上的小男生还是什么都不懂的年纪，却也暗中憧憬"以后娶老婆就要娶像小P老师这样的"。除了漂亮之外，小P老师的课也讲得非常好，她很耐心，不光细心地给我们解释课本中小故事的道理，还会额外说一些趣闻逸事，大家都听得津津有味，连最调皮的学生都不例外，变得专心致志，一直到下课还恋恋不舍，最好奇的是她脑子里为什么可以装那么多有趣好玩的故事，可以一直源源不断地讲给我们，所以那时我最大的愿望就是小P老师能一直做我们的老师，能一直给我们讲故事。

可惜，我的愿望并没有实现，在五年级的下学期，小P老师还是接到了调令。知道小P老师要走的消息同学们都非常不开心，小P老师给我们上完最后一节课，跟我们告别的时候，终于有人忍不住哭了出来，紧接着一整个教室都充满了各种各样的哭声，一时间气氛悲伤到极点，连小P老师自己都忍不住红了眼睛。后来，她安抚住大家的情绪，给我们都留了一个地址，告诉我们不管遇到什么事情都可以写信给她，大家都默默地将地址记在了笔记本上，然后向最爱的老师送上了自己准备好的小礼物，依依不舍地送走了她。

小P老师走后，我想给她写信却总感觉找不到合适的理由，犹豫不已。后来到了期末考试的时候，因为家中有一个把分数看得非常重的爷爷，所以尽管每次考试成绩不错，可是一到考试前我还是会莫名的恐慌，典型的考前焦虑症。年纪尚小的我不懂得向家人表达自己的情绪，于是想到了小P老师，就这样鼓起勇气给她写了人生中的第一封信，也没有想着真的能收到回信，只是单纯地想找个人诉说而已，谁知一个多星期之后，我真的收到了来自市里的信，一看署名，正是小P老师，当时我高兴得跳了起来，我并不知道班上还有没有别的同学也给她写了信，我只感觉到小P老师真正地属于了我一个人。

小P老师在信中并没有对我进行安慰，反而很理智地替我分析了产生这种情绪的原因，她还要我放轻松，还分析了爷爷为什么会对我有那么大的期盼，要我有想法要告诉家人或者朋友，总之不能憋在心里等等这些。小小年纪的我虽然似懂非懂，但是小P老师信中平实而亲切的话语，却让我的心莫名地宽慰起来，焦躁的情绪也缓解了很多，我也开始像她说的那样，慢慢减少对家人的敬畏和恐惧感，试着与他们进行沟通，竟然真的有了不一样的感受。

就这样，从第一封信开始，我和小P老师之间的交流便一发不可收拾，不管我遇到什么事情，开心的、难过的、新奇的，等等，我第一时间想到的能与我分享的都是她，她一直以这样一种特别的方式陪我一起度过了升学的焦躁、转学的自卑与不适应、高考的焦头烂额还有大学初恋的青涩与懵懂，以及其他所有值得去怀念的事情，可以说，除了亲人和爱人，她同样是我生命中不可替代的一部分。

就在大学三年级的暑假，我想趁着假期去看看小P老师，一直以来陪伴着我的都只是她的文字，我却一直没能再见见她，当面谢谢她一直以来对我成长的帮助。可是，除了通信地址，我没有任何她的联系方式，于是我约上另一个好友，踏上了前往她所在城市的火车，一路上，想到有可能很快就能见到小P老师了，兴奋又有些不安，还掺杂着一些担心，害怕不能找到她，想一下，小P老师比我大了十多岁，现在应该早就结婚生子，过上幸福的日子了吧。

下车后，我们打车找到了通信地址所在的位置，是一个幽静的小区大院，看建筑应该有了一些年头，可是环境很好，到处都是绿葱葱的树，走进来就明显感觉到一丝凉意，很是舒适。小区内整齐地排列着十几幢楼房，我按照传达室大爷的指示，很顺利地找到了正确的楼，当我真正地站在小P老师家门口的时候，激动得心脏仿佛都停止了跳动，剩下的只有紧张了。我忐忑不安地按响了门铃，不一会儿，门便开了，出现在我眼前的是一位40岁左右的大哥，我疑虑地朝屋内张望了一下，惴惴不安地向大哥表明了我的来意。大哥听完才开口问道："你是小Y吧？"我不禁惊喜交加，喜的是肯定找对了地方，惊的是这位大哥怎么会知道我的名字。大哥可能猜到了我的想法，笑了一下，侧身让我们进屋去，一进门，我便看见客厅的一面墙上挂着一张小P老师的照片，照片里的她比印象中成熟了很多，大概30多岁的年纪，我的眼泪一下子流出来了，因为那是一幅遗像。

大哥一直安静地等着我哭完，然后告诉了我事情的原委，大哥是小P老师的老公，小P老师回市里教书之后，一路走来都非常顺利，几年后便认识了大哥两人恋爱结了婚，并有了一个可爱的女儿，原本应该很幸福的一个家庭，却被小P老师的病破坏得支离破碎。真是造化弄人，小P老师在一次体检中发现已经是肺癌中晚期，在化疗期间，还一直在和我通信，而到了化疗后期，小P老师还经历过几次手术，头发也已经全部掉光，也没有力气握笔再给我回信，而那时，我正经历高考前最紧张的一段日子，她害怕我因为没有收到回信影响心情，便由她口述，而大哥则模仿她的笔迹给我回信。当她去世之后，大哥依然还会收到我的来信，他不忍心告诉我真实情况，便一直代替着小P老师给我回信，一直到现在，如果这次我不找到这里，他还会一直继续下去。

听到这里，本来已经平静下来的我泣不成声，已经说不出任何话，只能抱着好友号啕大哭，好友一边抹着眼泪一边用手轻轻拍打着我的背，却也无法说出安慰的话。

由于小P老师的女儿被送到了外婆家，我没有看到这个已经快5岁的小姑娘，走之前，我向大哥要了一张他们的全家福，照片中的小P老师抱着小小粉嫩的小婴儿，靠着帅气的大哥笑得很开心，那笑容和我记忆中的一模一样，甜美无比。

关于小P老师，我说不出太多大道理的话，即便她已经不在这个世界，却还在用另外一种方式陪伴着我，同时感染着他人。她对我人生观的影响占了太大的比重，我已经无法找到合适的词语用来形容她。我知道，以后她还是会像从前一样一直陪伴在我身边；我也知道，只要能拥有机会和能力，我也愿意像她一样做一个帮助他人的心灵的疏导者，直到永远。

最温暖的浪漫

今年年中，爷爷去世了，我和老公从 C 城赶到老家的时候，爷爷已经被收拾干净躺在冰棺里面了。老家房子的堂屋被布置成了灵堂，前面是作法师傅挂着的各种看不懂的画布和符纸，爷爷安静地躺在画布的后面，而在他旁边，奶奶就睡在一张躺椅上，静静地摇着蒲扇，一直守着他。

老家的习俗是，要守夜两晚，第一晚守夜，只有家人和帮忙的街坊，奶奶一直在对着我念叨，要我给爷爷多磕几个头，因为我是爷爷唯一的孙女儿，也就不枉他小时候那么疼我。听着奶奶的叨唠，我有点心酸，更多的却是憋屈，说不上来的一种感觉，想哭却哭不出来。奶奶已经快 80 岁了，我担心她的身体不能熬夜，便要她去睡会儿，可是她还是执拗地想要陪在爷爷身边，于是，除了师傅作法事时要去磕头之外，我便一直陪着奶奶。

到了第二个晚上，人多了起来，来了更多帮忙的街坊邻居，尽心又尽力，还有亲朋好友，甚至连妈妈娘家的人都来看望爷爷。爷爷和奶奶都是很好的人，大家都很爱他们。第二晚的仪式要隆重和烦琐很多，不一会儿便要跟着法事师傅下跪磕头，气氛也变得更加沉重起来。其中有一个最重要的环节是叫饭，大意就是要爷爷记得回家吃饭，师傅在一个方桌上摆了几个小碗，里面随意盛了一些饭菜还有酒水，便哼唱起了一些听不太懂的词，奶奶这时到了我的背后，絮絮叨叨地开始说起爷爷最后的这段日子，我跪在前面默默地听着。奶奶说爷爷最舍不得的就是我和我的女儿，每次我们回来他的精神状态都是最好的；有小辈给爷爷买了新的过冬衣服也还没能熬到可以穿的时候；奶奶做好了爷爷最爱吃的炸鸡，却因为呼吸不畅还没能来得及吃便天人永隔，临走前都没能填饱肚子；奶奶还说，她最不喜欢爷爷问我们要东要西，而爷爷却总是偷偷地要我买这买那，拿到我买给他的拐杖和收音机时高兴得跟什么似的，而收音机坏了也不说，只是等到我回来才偷偷的拿给我去修，可是最后我还是买了个新的给他……听到这里，我的眼泪终于掉了下来，怎么都控制不了，为了不让奶奶看见，只能一直低着头，由着泪水一直滴到跪垫上。最后，奶奶说爷爷走的那天，她还很凶地对他说话，还骂了他，早知道就不骂他了，一脸遗憾又后悔的样子。

爷爷和奶奶做了一辈子的欢喜冤家，说起来，两个人无论从家庭、性格和背景都是不尽相同的。爷爷家境算得上富农，祖上都是读书人，而他在当时也已经算得上高才生了，毕业后就做了教书先生，在那个动乱的年代也能过得吃穿不愁；奶奶呢，典型的贫农家庭，家里无数个子女，奶奶是第二个，所以在她下面的弟弟妹妹基本上都是奶奶一手带大的，经常食不果腹，更不要说念书了，所以大字都不识一个，而在抗战年代，还曾一大家子跑到山上去避难，躲避鬼子们的战斗机轰炸，当然，这些都是长大后听奶奶说起才知晓的。爷爷的性格有些古怪，带点旧时传统男人的封建，脾气不是很好，经常奶奶啰唆不到几句就耍小性子；奶奶心地善良，这么多年除了爷爷没有见她和谁红过脸，虽然嫁到爷爷家里后生活过得好了一些，却还是很勤俭节约，还有个最大的特点就是爱啰唆和爱操心，什么事情都放在嘴上，什么事都不放心，典型的劳碌命。

　　说来也奇怪，我自从懂事起，就发现他俩虽然对乡亲们都非常好，可是相互之间却经常会为一些琐事起争执，最后结果一般是奶奶独自一个人生着闷气，而爷爷却仿佛什么事情都没有发生一样，加上爷爷本身不爱笑，所以小时候我一直都觉得爷爷很凶，肯定是他的错。不过，有一次发生的一件事却让我改变了这个看法。还是他们两个人有了矛盾，至于具体什么事情不要说现在，就连当时我都没能搞清楚，只是这次有点严重，因为奶奶自己一个人躲到屋后面生闷气去了，爷爷还是没有太大反应，直到吃饭时间奶奶还没进屋，爷爷坐不住了，偷偷地把我叫过去，要我去把奶奶叫回来吃饭，说这些的时候，爷爷脸上竟然有了不好意思的表情，真是难得一见的奇妙景象，那个时候我才明白，原来爷爷只是不善于表达，而两个人之间的情感是任何东西都替代不了的。

虽然爷爷和奶奶经常相互争吵和抱怨，可是对彼此的关心却一丝都不会减少，奶奶每次做菜都是我和爷爷爱吃的菜，却从来没考虑过自己，爷爷还经常感冒，每次奶奶都尽心尽力照顾得无微不至；奶奶有脑血管硬化的毛病，时常会犯头疼病，要是家里的药用完了，爷爷便会走上几里路到卫生所买回来，有时甚至连着医生也一起拖了过来，弄得奶奶啼笑皆非。

我看过爷爷奶奶年轻时的照片，男的英气儒雅女的端庄大气，称得上是一对璧人、郎才女貌。可是在他们那个旧年代，两个人的结合纯属媒妁之言，并没有多少感情作为婚姻基础，可是不管是因为当时传统的影响，还是两人之间互相的适应，终究还是相互陪伴着一起变老，走完了一辈子，平实而幸福，所以坐在灵堂里的奶奶才会后悔在爷爷走之前，没能好好地对他说话，其实她只是在用自责表达着自己埋藏在心里的不舍。

第三天正式殡葬后，我和老公要赶回C城，因为担心奶奶一个人，便要父母留下来陪她一段日子，奶奶一直交代我们，如果没时间就不用回来看她了，又忍不住想要流泪，奶奶就是这样一个人，不论在什么时候，首先想到的都是别人，她总是用最无私的态度对待我们，却忽略了自己。小时候在我眼里，奶奶就是我的神，似乎她可以满足我一切的愿望，给人无限温馨和安全的感觉，却没想过这是因为她把所有的心都放在了我身上，用自己最大的力量关怀着我，也许正是因为如此，她和爷爷的一生才会如此圆满，让人羡慕和向往——我能想到最浪漫的事，就是和你一起慢慢变老，奶奶和爷爷就是这样彼此温暖。

第五辑

氤氲的雨天,说给知足

久旱之后的雨天,总是显得愈加弥足珍贵,
送来凉爽的同时也给心灵带来了难得的平和与宁静,
总喜欢在下雨的天气静静坐着,
想些没有机会说给人听、逐渐成为心底小秘密的往事,
或忧郁、或快乐,重新忆起都会觉得别有一番滋味。
知足者常乐,贪婪者常悲,想想现在自己所拥有的,还有什么不满足呢。

因爱而温暖，因爱而富足

一大早起来便发现还是乌云密布的大阴天，出门前还在犹豫是否需要带把雨伞。从超市打个转身出来，天空便成了滂沱大雨，雨点狠狠地打在地上泛起一阵阵水汽。记不清 C 城已经多久没有像今天这样下过雨了，入夏以来，就一直是持续高温，整整一个多月没有一滴雨水，直到立秋后，才有些零碎的雨天，却也只是零星小雨，成不得什么气候。

因为这场大雨的原因，气温转瞬就降了下来，仿佛一下子就抛弃了夏天投入了秋天舒适的怀抱，泛起阵阵凉意。C 城的春秋两季总是格外的短暂，似乎只剩下夏天和冬天，几乎是脱下背心换棉袄的节奏，这让才开始生活在这里的人很是难以适应。很多人对这样变态的气候又爱又恨，刚开始还会埋怨新买的春秋时装还来不及穿，便进入到了火热的夏天或者冷冰冰的冬季，到后来已经能很淡定地习惯减少这两季衣服的"库存"，还能淡定地自嘲：看！这个城市真会替我们省钱。

  C城是H省的省会，在全国只能算得上是二线城市，一个并不太现代化的城市，走过大街小巷随处都能看到历史留下的印迹，几乎每处繁华背后都能找到朴素市井，没有格格不入的感觉，反而意外地和谐。尽管遍布四处的城市改造让每条道路都显得有些拥堵，周边的环境也格外的凌乱和嘈杂；尽管它的消费和收入总是不成正比、房价也还在更加不成正比地继续攀升；尽管这里的人们脾气和他们喜欢吃的食物一样火辣；尽管这里的夏天和冬天总是格外的漫长难熬，等等这些，都没法成为我不爱它的理由。

  回到家里，女儿正在爷爷奶奶的陪伴下玩耍，时不时发出兴高采烈的叫声，让人忍不住跟着雀跃。倒上一杯热茶站在窗前，窗外的雨没有丝毫要停下的势头，越下越大，天更加的黑了。

  这样的天气似乎很适合怀念和感慨。转眼来到这里已经十余年的时间，懵懂无知的少女也已为人妻、为人母，走在街上看见豆蔻年华的女孩眼里也会射出羡慕忌妒的光芒，恨不得化身将那等好年华重新夺回到手上。当然我这是庸人自扰，逝去的年华虽好，又怎么比得过年华所带来的收获呢。

我是在千禧年之际来到这座城市的，当时一心想要逃脱父母的怀抱，便狠心选择了离家最远的 C 城一所大学就读。初到这里，并不如现在的繁华，到处都能看到走走停停还一边喊客的蓬蓬车和小型中巴，而现在这两样东西几乎已经绝迹了。毕业后，我放弃了北上南下的繁华，选择留了下来，大学几年，完全适应了这里的一切，作为一个恋旧的人，C 城的生活已经成了一种习惯，带给我的感觉总是安心和踏实的，这就够了。

同样能带给我这种感觉的还有我先生。还记得和先生办理结婚手续的那天，两个人提着一小袋喜糖来到民政局，一边笑盈盈地给工作人员发着糖，一边心里默念前辈交代过的各种注意事项，生怕哪个地方出错，真的会影响以后的幸福，惴惴不安。还算顺利，当手里真的拿到传说中的红本本的时候，眼泪怎么都忍不住，"籁籁"直往下掉，弄得我先生很是郁闷，以为我后悔嫁了他。其实他怎么会懂呢？我只不过是在哀悼已经逝去的少女情怀。

婚后的生活比起从前并没有多大的改变，甚至找不到新婚燕尔的感觉，两个人就像生活了多年的老夫妻，不够炙热却还温馨。日子就这样不温不火的过着，还是和平常一样地工作与生活，只是内心不知不觉多了一份温情，让人感觉格外的踏实和满足，因为明白以后生命里多了另外一个人的陪伴。

其实幸福感并不需要用多好的物质条件才能实现，重要的是内心能感受到真正的温暖和富足。真正让我明白这个道理的人是老 Z。

老Z原本是一个农民，在老家以种地为生，因为儿子争气考上了大学，干脆和老婆两人一同来到C城卖起了水果，一边挣钱一边还能离儿子更近一些。老Z的水果摊就在我家小区门外不远处，每天下班经过，都会或多或少挑上几个水果带回家。老Z是个老实人，水果实惠又新鲜，有时候不小心挑选到品质稍次的货品，他还会善意提醒。

老Z的妻子每天都会在中午时分送来午饭，然后替下老Z，让他回隔壁的出租屋小睡一会儿。后来渐渐熟起来之后老Z告诉我，他每隔两天便要去进货，为了保证水果足够新鲜，都是在凌晨时分便出发到批发市场，所以总是会在中午午睡。老Z最常说的是他的儿子，比如儿子今天被选进学生会了、又或儿子数学竞赛得了名次诸如此类，看得出儿子就是他的全部希望。我只见过他儿子一次，某个周末，路过水果摊，看到除了他老婆之外还多了一个年轻的小伙子，戴副眼镜，挺精神的样子，上前一问，果然是他儿子放假回来看望父母。小伙子腼腆地跟我打完招呼，便继续帮他爸妈张罗起生意来，果然一副懂事的样子，难怪老Z提起他总是满脸骄傲。

由于老Z的厚道，小区的住户都很照顾他，水果摊的生意一直都很不错，然而世事难料，某天我和往常一样去摊上采购，竟然发现老Z夫妻俩正在分拆搭好的钢架，一副打道回府的架势，当时正当炎夏，水果销售的旺季，任谁都不会选择在这个时间段拆摊。一问才知道，由于C城市容整顿，所有像这样的摊位都不在经营范围之内，必须强制取缔，接到通知后的老Z并没有像其他摊贩那样耍赖坚持，配合着立马开始收摊了。我只能表达惋惜，老Z还是那样憨厚地笑："丫头，这摊不合规矩，没啥可惜的，能让我们摆这么久我们已经很满足了，大叔谢谢你们一直照顾我的生意，正好儿子快放假了，一起回趟老家，等啥时候合规矩了大叔再来！"说罢还要送我一塑料袋苹果，推脱不掉，只能领情。到了第二天看到在同样的位置，物业已经在原地拉起了宣传城市文明建设的横幅，就仿佛老Z的水果摊从来没有出现过一样。

转眼暑假就快过去，上周C城的天气开始转凉，上班途中又想起了老Z走之前那句"再来"，应该只是一句客套，不会"再来"了吧。快走出小区通道时候突然发现，原本道路口的一家小型房屋中介已经变成了名叫"幸福饭馆"的小餐馆，放在屋外的灯箱上写着经营类目——早餐、快餐、盒饭等，看着时间还早，喜欢尝鲜的我决定进去吃个早餐再走。小餐馆收拾得很干净，普通小饭馆的布置，几张桌子、凳子、门口一个收银台，墙上贴着大大的菜单，后方还有一个小门，想必进去就是厨房。店内没有人在，叫了几声老板，有人便从那个小门里钻了出来，一瞅，不禁愣了，竟然是几个月没见的老Z。老Z看到我也明显地吃了一惊，转眼又开心地笑了起来："丫头是你啊！这里刚刚弄好，明天才正式开张呢！"原来老Z盘下了这家店，他没有食言，规矩地回来了。我好奇地问他为什么取这么一个店名，他说："因为我们一家人很幸福啊。"然后又是乐观而满足的笑。

老Z只是万千普通人其中的一个，他的乐观来自于他对生活的知足，幸福并不是因为获得了很多，而是因为在乎得少，当水果摊被取缔的时候，他没有埋怨反而对已有的收获表示感谢和满足；当然知足并不表示要安于现状，老Z一直都在尽自己最大的努力改善生活，妻贤子孝，家人的支持则是他最大的动力。 也许当有了来源自爱的支撑，每个人都能成为生活的智者，过得快乐而满足。

找准衡量幸福的尺度

刚工作的时候,办公室里加上我一共坐着七个女人,其余几个都是比我大了好几岁的已为人妻为人母,俗话说,三个女人一台戏,何况这几个经验十足的老戏骨们,两台戏的演员一有时间便在一起探讨各种八卦话题,美其名曰调节工作压力,婆媳大战,家长里短,热点新闻甚至国际局势,跨度非常之大,办公室里俨然成了一个大舞台,剧目每天上演,好不热闹。

某天,年龄最大的姐姐突然说起了自家隔壁一直空着的房子终于搬来了新邻居,家里的装修让她艳羡不已,各种材料进口昂贵、各种家具大气奢华,满脸向往之色,再一转口便成了对自己所拥有生活的各种讨伐,对如今生活成本持续升高的不解、婆媳矛盾难以解决的无奈还有对自家老公的恨铁不成钢。此话题一开头,整个办公室就如炸开了锅,各种附和之声,总结下来无非就是对别人家生活的羡慕以及对自己生活现状的不满。

每当这个时候,我总是充当着忠实听众,没法插话,当然,也没有兴趣插话。在我眼里,这种举止完全属于市井小民发泄自己欲求不满的一种行为，在当时的我看来是非常不屑的。彼时才出校门的自己还是有些自视清高，那时所理解的家庭相处模式虽然不可能是有情饮水饱这样的浪漫主义，也不应该是这样的刻薄和现实。一个兴趣相投的老公，小康的物质生活水平，再加上应该会出现的一个可爱的孩子，把日子过得与世无争才是我理想中的最佳状态。不得不承认当时脑子里的大部分领土还被理想主义所占领着，等到真正需要自己独立面对来自工作和生活的压力，接触到越来越多的世俗百态，才知道曾经自己的想法是多么的幼稚。虽不至于愤世嫉俗，却也无可避免地感觉到自己的生活多多少少有了些不如意，才明白以前真的是错怪了那些大姐，像她们那样偶尔地发泄实在是再正常不过了。

后来我在另外一家公司工作的时候，公司里有一个应届毕业的小姑娘，负责行政工作，小姑娘长得乖巧懂事，一直本分地做着自己的本职工作，尽职尽责，认真但却并不木讷，相反，她的应变和接受能力都很强，很是讨人喜欢。所以当公司因为新产品的研发成立一个新的部门，需要新的市场推广的时候，领导想到了她。作为当时公司的 HR，我向她转达了领导的授意，并表示新岗位的薪酬相比她以前的薪资水平将至少提高30%，当然还不算项目奖金。虽然本身小姑娘的薪酬水准不算高，但这个条件对于一个新人的诱惑还是很有吸引力的。小姑娘却出乎我意料地平静，她略微想了一下，然后问了我关于工作内容的问题，听完我给她的回答后，她陷入了更久的沉默，最终要求让我给她一天的时间考虑，明天再给我答复，我应允了下来。

第二天一上班，小姑娘主动找到我，然后拒绝了这次提拔。说实话我有一些诧异，询问她原因，她说："如果现在答应你，与其说我接受了一份新职位，不如说我接受了一份更高的薪水，我只是受到了加薪的诱惑而已，但是我没有足够的信心能够驾驭这份新工作，因为现在我的能力还不够。如果我接受这份工作，为了在短期之内迅速提升，只能花大部分的时间用来加班和学习，这样下来我会失去太多由我自己自由支配的时间，我将没法逛街、美容、约会和学习其他感兴趣的东西，那幸福感将会越来越下降，直至没有，这样的生活只属于工作，我并不想过这样的生活，这个代价对于我来说太大了。所以，想请Y姐替我转告一声，给我更多一点的时间，我会在以后的时间慢慢学习新工作所需要的知识，积累更多的经验，等我有足够的能力可以创造出配得上这份薪水的价值，我会第一时间主动请缨。"

她的回答让我大吃一惊，我没想到的是一个大学刚毕业的女孩，对生活见解的境界如此之高。后来我又跟她交流过几次，了解到小姑娘现在和男友一起生活，两人租了一个小套间，每天下班基本上都会买菜回家，她负责切菜炒菜，男朋友负责煮饭洗碗，偶尔不想做饭就出去打打牙祭；由于两人都不太爱收拾，每半个月会请一次钟点工进行打扫；她从不委屈自己做不想做的事、吃不想吃的东西，她还特别注重自己的身体，因为一旦生病，对自己和照顾自己的人都是麻烦；她也以相同的标准来要求男友，她表示，两人只要照顾好自己，解决好自己的问题，不要让过度的工作占用自己太多的时间，尽最大的可能让自己感觉到活得舒服，才能有更多的精力去为其他的事情努力。

我不禁有点惭愧，想起自己曾经有段日子几乎成了工作狂，有意义无意义的加班一大堆，不放过任何一个可以增加收入的机会，简直掉在了钱眼里无法自拔，然而最后的结果却是身体先有了不满情绪，直接提出了抗议。躺在医务室输液的时候，才名正言顺给了自己一个休息的理由。

之后的日子，小姑娘还是像以前一样，穿着得体的衣着，化着精致的妆容，始终面带微笑，做着同样的工作。不同的是，她开始关注相关产品动态和市场政策，会在闲暇的时候找到资深的销售人员请教一些专业问题；再后来，她慢慢开始主动要求参加客户会谈，会谈结束后都会出具一份详细的会议纪要；她还成了展会的常客，每次参加都能和会场中同类产品的展销工作人员打成一片，收集了不少有用的资料信息。她没有食言，就像之前所说的一样，半年之后，她递上了自己的竞聘报告，报告的其中一句是：我已经做好准备。

在每个人的心中，都有一把尺子，用来衡量世间各种事物，尺度标准不尽相同。当物质成为衡量幸福的标准，欲望便会一发不可收拾地迸发，我也曾因为工作的轻松度和收入的多少不能两全而抱怨和不满足，却从来没有像小姑娘那样考虑过问题，终究无法心甘情愿地做到只取所需；当幸福感一路下降的时候，却从没想过要从现有的生活方式中找答案。

对于来自未来的诱惑，我们恐惧又渴望，恐惧来源于未知，而渴望往往来源于利益的引诱，而当渴望战胜恐惧的时候，我们通常又会忘记，现有的状态下是否真的有把握采摘到这些诱人的果子。所以当自己还没有完全准备好的时候，要先学会淡定和心安，才能在面临诱惑时干脆利落地舍弃，这样就能给自己足够的时间和机会做好对未来的准备。之所以无法做出最适合自己的判断，想必是因为我们所缺乏的，就是那位小姑娘的理性和知足吧。

难得糊涂

　　一个机缘巧合，我进入了一个以女人和购物为主题的论坛小组，顾名思义，小组内几乎成员都是女人，而且大部分都是比我小了好几岁甚至十多岁的90后女生。因为太宅的缘故，自我感觉与潮流已经脱节太久，原本我进入这个小组的本意是想通过这个媒介能找到一些有用的信息，看一些达人推荐一些性价比高的适合自己的东西。在里面混迹了几天，真正像我这样有需求的人大部分都在潜水，默默地翻看着对自己有用的帖，除了一些达人不定时更新之外，更多的则是一群闲得无聊的小姑娘们发帖秀一下今天又买了什么好衣服，明天准备去试试那个化妆品适不适合自己，要不就是各种抱怨求助男朋友或老公如何如何，姐妹们我该怎么办，诸如此类。而不管是什么类型帖，下面总会有一大堆响应的人，如此这般阐述着自己的想法，很是热闹，其实就是一群不算大的孩子，却能煞有介事地说出很多自己独有的观点，脑子聪明思想新锐，似乎都明白自己的追求，面对姐妹们的困惑时，即便没有经历，却也能说出一套套很像那么回事的道理，理智而犀利，看到她们我想起了从前的自己，相比起从前同年纪的我，她们更多了一份成熟，少了一份天真。

也不知道是时代的发展太快，还是人们现在需要面对更多的东西，现在想要找出几个不够聪明的人出来还真不是一件容易的事，当然这里的聪明不仅仅是指智商，而是在生活中所磨炼出来的一种生存能力。

曾经我也陷入过物欲的怪圈中，侥幸的是还没有达到无可自拔的地步，更幸运的是遇到了很多能给我正能量影响的人，如果没有这些因素，我可能也正走在为了更好的生活而焦头烂额的道路上。其中有一个身份比较特别的人，是不得不提起的，他就是我老公的父亲，我的公公。对于我这位公公，在还未结婚之前，就经常听老公提起，常用的形容语句便是"我爸爸真的是一个大好人"。我老公算得上一个挑剔而又尖刻的人，哪怕对自己身边的人也不会太留情面，这从他能当面说婆婆强势、啰唆、古板等这些就能可见一斑，显然他对自己父亲的评价是相当之高。

一开始我并不以为意，听多了也没有太放在心上，在我们结婚那年，公公刚刚年过花甲，但是身体很不错，常见的老人病也没有跑到他身上，在此之前，由于并没有时常相处，我对他的印象也仅仅停留在老实本分上，直到我们的孩子出生，才让我理解了老公想要表达的真正含义。小孩的出生一下子让一家人忙得团团转，我一直以为平时泼辣的婆婆带起孩子来应该也是雷厉风行的厉害，谁知她一点都不能干，看着婆婆望着孩子手足无措的样子，我顿时开始后悔没有坚持自己请月嫂的决定，然而，公公的能干却让我仿佛看到了救世主一般。作为一个男人，公公给孩子洗澡、换尿布、喂牛奶样样精通，最难得的是面对孩子无数件琐碎的事情，他还能保持一如既往的好脾气。

公公是我见过的最没有功利感的人，后来闲来无聊和老公说起我对公公的看法，老公告诉我，公公年轻的时候在一家国营工厂工作，替厂里开了一辈子的车，直到正式退休，在岗期间，公公没有出过一起事故，没有要求加过一次工资，后来厂里效益逐渐下滑，很多人都离职去自寻活路，可是公公一直到21世纪之后还拿着每个月三百多块的工资，顶着婆婆每天的抱怨，坚持了下来。如果是婚前我听到这个事情，我会觉得公公是古板和愚蠢的，可是现在我知道，他之所以这样，是因为在他心里就没有其他的想法，公公一直认为，做好自己的工作是自己应有的职责，而至于收入，他却没有一点概念，所以才会被婆婆每天唐僧式地唠叨。

说到婆婆，她真的是我见过这个世界上最操心的人，她和公公完全是两个极端，婆婆急躁、公公慢性，每天最大的事情就是折腾公公，从一大早便开始数落公公，比如烧水的速度太慢啊，给孩子换尿布时间太长啊，等等这些，总之就没有顺眼的，我在边上听得都快受不了了，只想拿个耳塞把耳朵堵住，可是公公依旧像没事人一般任她啰唆，却仍旧我行我素，完全一副不干我事的态度，让我佩服得五体投地。说实话，婆婆的性格是很难让人适应的，控制欲很强的一个人，我有时候在想，如果婆婆是和另外一个人结婚，会不会像现在一样舒坦，老公回答过我这个问题，他说肯定不会，随便换一个脾气比公公坏一点点的人，两人估计都过不下去。他说那个时候婆婆总说公公没想法，不会赚钱，每天只知道折腾自己的花花草草和兔子，把他嫌弃得跟什么似的，可是公公依然笑呵呵，把婆婆的怨气直接化为无形，飘散在空中……不过，公公的坚持也是有回报的，虽然工厂最后倒闭了，可是由于他的工龄很长，退休之后国家每月给他的退休工资，比之前多了十倍还不止，也算是他应得的，直到现在老公经常还拿这件事情笑话婆婆呢。

也许有些人会讲，这不过就是一个老实巴交的小老头嘛，自然我也曾那样认为过，可是现在我已经完全把公公视作了自己的偶像，也许详细到具体的表现不过都是一些日常琐事，婆婆总是说公公傻了一辈子，却不知这种糊涂是多么的难得，在现在这个现实的世界里，能保持着一份傻乎乎的坚持，又是一件多么难能可贵的事情，人生难得糊涂，像公公那种以不变应万变、看似懵懂实则有着大智慧的生活态度，也许将是我一生都追求不到的境界。

当下的满足是为了更好的未来

在今年的毕业季，刚刚 20 岁的小表妹正式完成了她的大学学业，小表妹是我小姨的女儿，从小聪明伶俐，加上做教师的小姨精心教导，小学初中连跳两级，成了大学班级里最小的学生，老师同学都非常喜欢这个小丫头，认为她很有些小天才的潜质。

从客观上来说，小表妹虽然智商高，读书是一把好手，但是也许是从小被保护得太好，在社交及人情世故上还是很有些欠缺，而且还有些自视过高。在她毕业之前的那个学期，学校要求每个同学找到一个单位进行实习，并需要提交实习地所点评盖章的实习报告，正好我有一朋友在 C 市某电视台，长期需要大量实习生，便把表妹介绍了过去。小表妹在台里每天剪剪片子、编编字幕，认真又本分地做着交给她的任务，本以为就会像这样顺利地度过两个月的实习期，谁知不过两个多星期之后的某天，便接到了朋友怒气冲冲的电话，朋友在电话里生气又委屈，原来朋友的那个栏目组负责一个大众相亲节目，每期都要求有几个女嘉宾，当嘉宾不够的时候，有时候工作人员便会上去充数，其实也不是太大不了的事情，无非就是出个镜，坐在那里不出声都行。正好那天，女嘉宾临时有事，朋友见小表妹长得标致，便想让她顶上，小表妹开始不乐意，朋友好一顿说服，总算勉强答应下来，朋友一看成了，马上要人给小表妹化妆，结果化到一半的时候，她突然哭了起来，一边哭一边说是朋友逼她的，让朋友挨了领导一顿臭骂，憋屈得不行，说还是让我把小表妹领回去算了。我应付完朋友的絮叨，便给小表妹打了个电话，电话才一接通，她立马哭着喊起了姐姐，说要回来，我无奈只能要她回来再说，结果到家后，她便躺在床上一言不发，一副受了天大的委屈的样子，让人无可奈何。

小姨知道这件事情之后，对她的社会适应能力很是担忧，所以才想着找个有熟人照看的地方，相对来说会让她适应得快一些，于是毕业之后，小姨委托朋友替自家女儿在一家公司安排了一份比较适合应届生的职位，其实算不上走后门，那是一家刚成立的新公司，正是缺人的时候，小姨只是做了一下推荐，本意也是想让小表妹从基层做起，锻炼锻炼自己的社交能力。谁知小表妹心气还挺高，对这种空降部队的行为非常反感，一定坚持要通过自己的能力找到工作，小姨和我不置可否，就随她先去折腾。

我曾经和小表妹谈过一次，大概了解了她的性格特质，内向却固执、聪明却不务实，我曾拿实习期时临阵逃脱的事情笑话过她，谁知她一脸不屑，竟然说不愿意做只是觉得做那样的工作太没面子和档次，高高在上的语气让我很是震惊，原来这才是她真实的想法。也许是从小被保护得太好，虽然只是一个应届生，可是小表妹一直觉得自己很优秀，简历里面也做了一大堆自己在学校里取得的成绩，我曾经劝她尽量做得精简和一目了然，却被她严重鄙视了，理由是不写出来招聘方不会了解她的突出，我没有再发表意见，任她自己去折腾。

小表妹一心想要靠自己找到满意的工作，便暂时住在我家，每天早上便拿着一大堆简历去招聘会现场投递，同时还在各大招聘网站上注册了会员，用她的话说就是广撒网、多收鱼，对于她做的这些我一直抱着冷眼旁观的态度，因为我知道就算发表看法，她也不会听得进去，还是让她自己摔一次跤比较有效。经过了几天的折腾，小表妹也接到了不少面试通知，不过每次都是去的时候踌躇满志，回来的时候却是一脸不快，典型的乘兴而去、败兴而归。我故意不去问她，看她能坚持多久，果然一天晚上她等我安顿好女儿之后，敲开了我的房门。

原来，表妹投出的无数份简历，有些实力比较强的大公司，基本上都没有给她打来电话；而打来电话的一些公司呢，要么是借着招其他岗位的名义来招业务员，要么就是要她去到街上推销产品，总之没有一个靠谱的。我并没有很意外，因为我也经历过她这样的成长阶段，我告诉她，简历也不是能乱投的，你不要光看职位和待遇写得有多诱人，要先去了解这个公司的背景和经营范围，尽量找到自己感兴趣的行业，因为工作将会是你生活的一部分，自己喜欢才不会成为负担。然后我再一次提出要她把简历做得简单明了一些，尽量突出自己的技能和专长，而不是一堆在学校里的空头衔。小表妹想了一下，最终点了点头。

一个多礼拜后的一天，我下班回家，才进门就看到小表妹兴高采烈地向我冲过来，一边还兴奋地喊着："姐！姐！我找到工作了！"原来这段时间表妹按照我说的改了简历，慎重地进行投送，最终接到了一家电子行业公司通知面试的电话，去进行面试的时候，通过他们的上班环境和员工的精神面貌来看，公司的各方面实力应该都不错，本来没报太大希望，却没想到就在今天却接到了上班通知，所以才会如此兴奋。于是，小表妹就这样开始了她上班一族的生涯，小姨还特意给我打来电话，要我帮忙叮嘱小表妹一些应该注意的事项，但是我仅仅只是交代了她平日里注意安全，关于工作却只字不提，和我们这些疲于工作的老油条不同，只要是工作日，小表妹的精神头便非常之高，尽管心里有一些担心的地方，但是看着她穿着工作装却仍旧掩不住稚嫩的样子，说不羡慕那是假的，如果有可能，真希望她能把这样的状态一直保持下去。

然而好景不长，我所担心的事情终于还是发生了，大概是上班一个月左右的样子，某天小表妹一回到家，便气冲冲地嚷着："不干了！要辞职！"问其原由，不过就是嫌弃上班这么久还不给她正事做，每天就是给一帮性格各异的业务员打电话追任务，围着复印机和传真机打转，要不就是丢给她一堆表格数据整理，还没有人指导，做得不对还要被训等，最后小表妹总结道："好歹我也是名牌大学的优等生，每天让我做着这些打杂的事情，真是一个可恶的公司！"

小表妹的入职岗位是销售助理，协助某一片区处理一些相关事务，其实工作内容原本就是她所说的那些，如果她不是新人，我相信她的任务应该更杂更重，而且在入职培训中，公司应该已经将岗位职责描述得很清晰，说她事先不知道的可能性几乎没有。上文中我也交代过小表妹的性格，出了校门这么久，她还始终沉浸在自己在校园中被捧得高高的那个状态，成为上班一族的新鲜感一过，慢慢便被不受重视的强烈落差感取而代之，心态也就越发不平衡了。

这其实也是我一直所担忧的，我让她坐了下来，问道："和你同时进公司同一岗位还有其他人吗？"

"有。"

"他们是不是每天和你做的工作差不多?"

她略微迟疑了一会儿，才答道："好像……是的。"

我继续追问："那你知不知道他们又是从哪个学校毕业的呢?"

她慢慢地说了几个学校，果然都是知名院校。

"既然如此，为什么只有你会这样，而他们却依然能坚守本职呢?"

"……"

几句话下来，小表妹哑口无言。

我趁胜追击："这个世界上比你优秀的人有很多，也许他们有些在某些地方做的事情比你还多，工资比你还低，任何人都不是生下来就能学会跑的，不管你从前多么优秀，那都是过去了，现在你面对的是不同的人、不同的环境，对于他们来说，你就是一个新人，他们对你什么都不了解，你只有脚踏实地，一步步地从零做起，才能重新证明自己，也让他们觉得公司招你进来并没有白花钱。不管你是自己找工作，还是有熟人照顾，如果你不反省自己，改变现在的这个心态，那你永远都没法健步如飞，因为你连学习走路的机会都会失去，好好想想吧。"说完，我拍了拍她的肩，走开了。

我不知道她需要多长时间消化我所说的这些，不过我相信她一定会去思考，因为在我心里，尽管表妹有些好高骛远，她始终是我那个优秀的小表妹。我一直都认为挫折并不是一件坏事，特别是对于小表妹来说，现在有很多像她一样的孩子，从小在温室里长大，成长的道路上也是一帆风顺，所以才会让他们有了过多的自我，只要有一点不合心意，首先想到的便是主观上的不愉快，一心只活在属于自己的世界里，把每一次的不成功都归纳为遇人不淑或者怀才不遇，却从来都没有换位思考的想法，更加不要说去考虑他人的感受了。大家现在总是会习惯性地鼓励年轻的一代勇敢追求，此话姑且没错，然而，在资本还没有完全累积的时候，一定的心智磨炼也是必要的，因为只有先学会如何务实，才有可能获得继续前行的机会。

找一个温暖的人过一辈子

9月时节，秋高气爽，好友小T的婚礼选在了这个阳光明媚的季节举行，我特意请了几天假，赶往邻省，为的只是能亲眼见证到她幸福的归属，要知道这一路走来，对于她来说实在太不容易。

小T用现在的话说，就是典型的优质女神，从小到大喜欢她的男生20个手指头肯定也是数不过来的，不过小T却是难得的乖乖女，一直到了大一，才开始了自己真正意义上的初恋，而一恋就是这么多年。

和爱人小J的认识，其实非常具有喜剧色彩。进入大学之后，小T在宿舍另外一个妹子的影响下，迷上了一款网络射击游戏，游戏内容无非是拿着枪和对方杀来杀去，配乐和画面效果令人异常血脉喷涌，怎么看都是一款汉子的游戏，小T却玩得不亦乐乎。那时还不像现在，网络还没到完全普及的时候，为了玩得过瘾，小T便经常约上好友一起跑到网吧，与网吧里的其他玩家一起组队打服务器，通常是一个服务器里十多个人，分成两队，火并得热火朝天，很是刺激。小T在游戏里的名字叫兔子，一段时间下来，玩家们基本上都知道了S大有一个技术很不错的美女玩家叫兔子，在这个游戏圈子内竟然也有了一点小名气。

一天下课后，小T照常到网吧去报到，开始游戏后，不知那天怎么回事，总是在刚开局就被人直接杀死，她仔细一到，发现竟然还是同一个人，一下子她的火暴脾气便上来了，誓要报仇，于是开始和那人对着干，可是那人的技术比她强了不止一个档次，玩了几轮，小T便死在他枪下几次。最后，气得小T直接下了线，开始在网吧寻找罪魁祸首，好友在旁边看着她一脸气愤的样子，生怕她真的找到别人进行真人PK，立马跟了上去，却发现小T已经找到了始作俑者，正站在那里跟人家大眼瞪小眼呢。那人便是小J，邻校大三的学生，当天只不过是过来看望老同学，便一起在网吧消遣一下，谁知就这一会儿工夫却惹恼了T大小姐，后来两人还经常彼此调侃这才是真正的不打不相识。

小T一心抱着要报仇的念头，加了小J的QQ好友，没事便缠着小J非要切磋，俗话说，冤家宜解不宜结，切磋来切磋去，小T最终把自己给切磋了出去。不得不承认，小J的确是个不错的男生，高大帅气，不单是外表，品行端正，学校专业成绩也非常好，至少在当时看是一个非常优秀的男生，要说唯一的不足，可能就是地域和家庭了。其实小T家人一向都比较开明，只是在找男朋友方面她妈妈提了几个必需的要求，第一，不要找离家太远的，所以要找本省内的；第二，要找家庭幸福圆满的，不要单亲家庭；第三，不能找比小T小的；第四，不求大富大贵，但至少要门当户对。说出来这些要求其实不算过分，很能理解妈妈的用心良苦，只是想让女儿过得更好些而已。很可惜，小J除了第三点，其他几项都占全了，他家虽然就在邻省，可是却在最北边的城市，算上去就不单单是一个跨省的距离了，而且小J的母亲因为生他的时候难产去世了，他是被父亲一人拉扯大的，父亲是一个工厂的普通职工，现在已经退休在家，家庭虽然不至于很困难，却肯定比不上小T家的富足。

不过两人刚开始恋爱的时候，小T并没有想那么多，一是还年轻，未来究竟怎样，谁都不敢保证；而且她向来是个乐观的人，就算真的到了那一步，船到桥头自然直，就不相信找不到解决的办法。就这样，两个小年轻竟然一直走了下去。小T大二的时候，小J正好面临毕业，原本他的计划是毕业便回到家乡上班，好好孝敬父亲，遇到小T后，他重新做了打算，仔细考虑后，决定继续读研，一边可以陪伴小T，一边提升自己的能力，这样才能更好地替未来做打算，可见小J的确算得上是一个值得托付的人。

就在小J本科毕业的那年暑假，小T将他带回了家。果然不出所料，家人对小J还是非常客气，只是在他离开之后才向小T表示不同意他们在一起，小T并不意外，想必已经做好了充分的心理准备。那天晚上，小T和妈妈谈了很久，她表达了自己和小J在一起的决心，也向妈妈说了很多关于小J的事情。小T妈妈并不是一个不通情达理的人，她也看得出来小J的品行很不错，单亲的问题可以理解，只是离家太远家境又不算好，很是害怕女儿跟着他会受委屈和吃苦，所以也没有轻易妥协，只是让小T再多做一些考虑，不要过早地私定终身。小J真是一个值得称道的男人，他知道未来丈母娘家对他的看法之后，并没有给小T压力，只是一直默默地在努力，因为小T家是独女，偶尔跟着她回家蹭饭的时候，小J总是帮着干些力所能及的活，没事陪着她爸爸下几盘象棋，贴心却也不显得刻意。本身父母对小J本人其实没什么看法，这样一直坚持下来，对这个小伙子反而越发喜欢了。

小T毕业的时候，小J的研究生也毕业了，他家乡省的某家机构向他抛来了橄榄枝，邀请他加入一个课题研究小组，这家机构在全国业内都非常有名气，以小J的专业能力，前途无限好，可是小J却想留在当地，因为害怕如果回到邻省，小T的家人会更加不同意了。可是小T打破了他这个念头，小T要他专心回去工作，家人这边交给她就行。在小T的一再坚持下，小J答应了那家机构的邀请，也是，只有自己有了能力，才能更有底气把心爱的人娶回家，不是吗？其实在这个时候，小T已经有了自己的想法，父母现在的态度已经转变了很多，她趁着小J回去准备工作的这段时间，非常努力地做通了家人的工作，终于同意等到小J稳定下来之后，让小T一起到邻省发展。

也许现在说起来似乎很简单，不过我知道小T和小J为此做出了多大的努力，两个人不是没有压力，也不是没有争吵，因为彼此相爱、彼此需要，终于还是坚持了下来，他们的想法其实很简单，就是能和对方在一起。我曾经很好奇地问过小T，为什么会对小J有着如此的执念，小T笑："一开始当然也不是非他不可，经过相处，发现他真的是一个能让我感到温暖的人，你知道的我很馋，对食物有着非常的偏爱，喜欢吃但是食量又不大，不管我想吃什么他都不反对，如果我吃不完他总是会帮我扫尾，到一个地方点菜他总是说自己什么都爱吃，要我选自己喜欢的，YY，你也明白，这个世界上不可能有什么都爱吃的人，但是却有个人愿意为我什么都吃，有这点，就很让我知足了。"

中国台湾漫画家蔡志忠说："如果拿橘子来比喻人生，一种橘子大而酸，一种橘子小而甜，一些人拿到大的就会抱怨酸，拿到甜的又会抱怨小，而我拿到了小橘子会庆幸它是甜的，拿到酸橘子会感谢它是大的。"

有些人在选择另一半的时候总喜欢拿各种标准去衡量，外表够不够仪表堂堂，家境够不够优越，性格够不够好等，被太多的条条框框所标示后，人变得就如一件商品一般，少了原本的那点人情味。小 T 是个容易满足的人，她只要对方带给自己足够的温暖，就心满意足地认定了对方，她也是个非常幸运的人，因为要知道，能真的找到这样一个人，其实是一件多么不容易的事情，虽然过程有些曲折，她最终还是得到了她想要的，也许正是因为追求简单，才会收获那份幸运，找到专属于自己的那份温暖。

第六辑

身体的活力，说给养护

在这个世界上，任何东西都无法阻止时间前进的脚步，
任何人都要经历在尘世中的出现与消亡，
俗话说，人生苦短，在这短暂的人生里，要尽可能地让自己活得更精彩。
在不经意之间，我们便从乳臭未干成为了年近不惑的成年人，
人近中年，头脑中不曾意识到的这个年龄却一天天逐步逼近，
尽管容颜会一日日的衰老，尽管身体会一天天的虚弱，也曾逃避和惶恐，
但最终还是学会坦然面对，随时提醒着自己，要记得加倍关爱自己，
就算只是一个普通人，依然可以用最简单的方法休养生息，
用最合适的方式来爱护自己，让自己活得更加优雅与美丽。

产妇的美丽战争

曾经在我眼里，对于生孩子这件事情，有着非常矛盾的看法，既感到恐惧又非常期待，期待的是一个新生命的诞生，恐惧的是必须经历的苦痛和传说中的产后后遗症，等等。幸运的是前者我并没有经历太多，小家伙很争气，才进产房没多久便顺利出来了，快到我甚至还没能来得及感受到前辈们所说的那种撕心裂肺的痛，不得不感谢老天的眷顾。可是上天也没有对我太过偏爱，逃脱了疼痛的折磨，却没有逃离产后抑郁的魔掌。

产后抑郁是因为分娩后，激素水平的急剧变化，导致情绪上的抑郁，一般表现为情绪低落、悲观、胆小多虑以及易怒烦躁等，严重的甚至会出现厌世的心理，在产妇中非常多见。还好我只是有些轻微的情绪波动，并不算严重，但是我总感觉自己的抑郁其实和雌激素水平下降并没有多大的关系，真正影响到我的应该是生活模式变化得太过突然，因为要照顾一个新生命，多而琐碎的事情让我阵脚大乱，一时之间完全无法适应。整个月子期，我的脸上仿佛就写着三个大字——"勿招惹！"不修边幅、放弃保养、胃口奇差并且情绪化非常严重，因为带孩子和开奶的问题无数次和婆婆闹得不愉快，整个家里都因为我的原因而显得沉重不已，没有生机。后来老公形容那时候的我简直就如一个更年期症状的妇女，让人不寒而栗。所幸的是，老公的包容，无论我怎样发泄，他总是跟在我后面收拾残局，不但没有一句怨言，并且还经常对我进行开导，试图让我更乐观一些。

也许是因为厌食，营养没有跟上所以导致我奶水不够，女儿从小就混搭着牛奶一起喂养，白天牛奶，晚上母乳。为了让我白天能够好好休息，在不需要母乳喂养的时候，公公甚至不顾自己劳损的腰完全担起了照顾孩子的任务，让我无地自容，开始反省自己的任性。

其实抑郁的产生除了科学上的生理依据外，最根本的原因还是心理调节的失败，就像我，其实清楚自己的表现已经是有一种病态的情绪，可是一开始却不愿意去尝试调整心态，这其实也是有些妇女产后想要体现自己价值的一种表现方式，潜意识中会不自觉地认为分娩应该带给自己一些在家庭中更高的地位或者更好的待遇，才会更加放任自己的无理情绪，任其蔓延，借此得到家人更多的关注和照顾。意识到这一点后我开始尝试让自己时刻保持平常心，并让自己多多关注家人对自己和孩子所做的一切，在照顾孩子中遇到了分歧也不再是一开始就强势地要求对方改正，而是试着和家人阐述道理，授之以渔，当对方了解了正确的方法对孩子的好处后，反而更加能够接受，从而减少了很多不快的争执，冲突一少，心情自然就畅快了许多。

闲暇的时候我开始听一些舒缓的音乐，淡淡的旋律，让自己的心境能尽量保持平静；当脑子因为琐事开始混沌的时候，我会站在窗前望着外面四季常青的树叶，让自己放松下来；因为月子期间不能过度用眼，每天看一小会儿书，听一会儿收音机，不让自己真的变成外界的隔离者。如此坚持下来，抑郁的情绪果然慢慢减轻，到了出月子的那天，当我迈出家门，看到许久未见完整的蓝天，之前的不快仿佛立马消失殆尽，心胸也变得更加开阔起来。

当生活逐渐步入正轨，我才真正注意到了镜子中的自己，不忍直视，杂乱无序的头发，好久未修理的刘海随意耷拉在额头前面，疏于保养的皮肤暗沉没有光泽，让整个人看上去颓废又邋遢；因为怀孕肚子被撑大，分娩完后肚皮变得松弛没有弹性，由于月子期间没有注意绑带和锻炼，小腹已经有了隆起的幅度；最关键的是孕期不请自来的脂肪，还恋恋不舍的不愿意离开，我本身是属于瘦小的身材，所以对于很多其他的女性来说，我在孕期所增加的那点脂肪根本就不算什么，可是由于自身骨架小，近三十斤肉便让我整个人都圆嘟嘟了，从脸到腿，无一幸免，由于并没有刻意减肥，月子过后也才减轻了不到十斤的重量。所以，现在的我看上去就是一个小腹隆起、脸色蜡黄、蓬头垢面的微胖已婚妇女。

看着自己如此糟糕的状态，内心强烈的危机感一拥而起，曾经的我虽然不够貌美如花，却足够精致，我要努力找回青春。首先是恢复护肤与美容，我不是很喜欢去美容院，所以对于护理一直都是自己亲自动手，早晚日常保养肯定不能缺，每周进行至少两次面膜和精华按摩，因为要照顾小孩，尽量选用纯天然无刺激的产品，像某些面膜甚至可以自己动手制作，身边的原材料都能利用上去。因为本身的皮肤状态也不算差，持续下来脸上很快就有了光泽，效果非常不错。头发更容易打理，到理发室简单地修理一下便可。但是如何除去小肚腩和减去多余的肥肉才是最关键和最困难的。

为此，我给自己制订了一套锻炼计划，由于还在哺乳期，加上自己本来也没有吃太过大补的食物，所以便没有刻意控制食物的种类和摄入量，只是杜绝了垃圾零食；除此之外每天必须进行仰卧起坐和慢跑，逐日增加运动量，仰卧起坐是为了训练腹部肌肉的紧致度，而慢跑则是最有效的有氧运动，只要能坚持，成效显而易见。可是对于我这种缺乏耐心又有些懒惰的人，只是单单制订计划是远远不够的，为了强迫自己能够按照计划进行，我要求老公进行监督，如果没有完成当天的任务，只准留下一点零钱用于乘坐交通工具，其余钱包里的所有大额钞票和银行卡都要全部没收，并且要剥夺我和孩子同床共枕的权利。在如此"暴政"之下，我不敢有一点偷懒，每天都咬着牙坚持了下来，当习惯这一切之后，开始觉得听着音乐做着运动真的是一件很享受的事情，特别是在每天围着孩子转的日子里，更是一种难得的放松。更重要的是，我是抱着塑身减肥的目的进行的运动，却意外达到了强身的效果，身体素质也要比以前好了很多，真是一个令人惊喜的收获。

对于女性来说，家庭生活是人生中不可或缺的一部分，成家立业之后，很多女同胞都把自己的全部精力放在了家庭和孩子身上，或多或少都为此付出了自己的心血，从而却忽略了自己。家人、孩子姑且重要，可是终究还是不认同女人为此而放弃自我，丢弃掉自己的美丽。这两者并不矛盾，完全可以同时并存，在享受家庭带来的幸福安逸，同时不要忘记时刻保持住自己的美丽，也能像我一样获得一份健康。

人生如茶，茶如人生

与茶结缘是一件令人快乐的事情，而我能与茶结缘更是一件奇妙的事情。

某日有空闲，陪着还是男朋友的C先生在C城的茶叶市场瞎转悠，帮他一起挑选公司活动中需要采购的茶叶，两个人都是门外汉，想冒充下内行，结果进去几家店都被老板随意的几句话便打回了原形，灰溜溜地跑了出来，继续漫无目的地闲逛。无意间看到一家以闽茶为主打的店，招牌设计得非常有特色，作为典型的外貌党我立马对这家店产生了兴趣，便拖着C先生闯了进去，谁知C先生进去后才发现遇见了老熟人。C先生有一位恩师是福建人，退休后便回了福建养老，C先生不管是读书还是毕业后都会抽时间前去看望他，而恩师有一个最大的爱好就是饮茶，每次C先生过去都会拖着他一起到一家茶店品茶谈天，一来二去C先生也和老板熟络了起来，而这家店里坐着的正是福建那家茶店的老板，询问后才了解原来是老板女儿到了C城读书，加上C城茶文化也很普及，便干脆举家迁了过来，没承想在这里遇到了故人。我一边鄙视 C 先生跟着恩师混了那么久还不懂半点茶，一边感叹缘分的奇妙，这次巧遇，让 C 先生依然做着茶业的门外汉，却让我深深地爱上了茶的文化。

老板是一位四十多岁的中年人，看上去温和又清雅，我一直缠着他询问关于茶的各种问题，有些问题幼稚到连 C 先生都忍不住嗤之以鼻，可是老板却没有丝毫的不耐烦，耐心地给我做解答，除此之外还告诉了我各类茶之间的区别和所包含的不同文化底蕴，一席话下来，真给了我一种醍醐灌顶的感觉。那天，老板还分别给我们泡了不同的茶，给我们细细品味，初试口感，只能勉强分别出茶的种类，却无法品出里面真正的韵味，老板一边给我们讲解不同茶类分别的泡法，一边给我们提点不同茶的味道特征，从味道最淡也是最普通的绿茶开始，一直到味道特征非常明显又浓烈的普洱，几番下来，几乎忘记了原本来这里的目的，真有了一种醉在茶里的感觉。从此以后，我成了这里的常客，闲来无事便会和 C 先生一起在这里小坐片刻，手执一杯香茶，畅谈五味人生。

每一道茶的味道都不尽相同，一般头道水都会弃之不用，用于冲洗茶具，茶水浑而浊，就如涉世未深的年少无知，茫然而懵懂；二道茶味浓而苦，还带着一点涩，就像正在社会中打拼的人们一般，生活艰辛却很精彩；三道茶味甘而醇厚，韵味十足，俨然就是已经取得收获的成功人世；而第四道茶冲泡出来，茶水已经非常清淡，却又留有一丝茶香在里面，就像一位看透世间沧桑、神韵清爽的淡雅老人，漫步人世间。

茶品得久了，原本心中常有的沉重与浮躁，出现的次数竟然慢慢减少了许多，取而代之的是一份难得的恬静与心安。人们在这个压力越来越大的世界里，已经习惯为生活去奔波和忙碌，却总是忘记停止自己的脚步、放松自己紧绷的心弦，豁然醒悟，才意识到我们一直所向往和追求的那份心境其实很简单。茶可以清心，初入口的苦，慢慢转化成淡淡的一缕回甘，温暖而幽香，那份清亮与香醇，都在默默地品味当中感悟着人生的真谛。

而不同类的茶也有着专属于它们的特殊韵味，绿茶、红茶、白茶、黑茶、花草茶等，风格迥异，各不相同，足以让人各取所好，总能找到自己喜欢的那一款。而选择茶，也就像选择朋友一般，投缘成了最重要的基本准则，没有特别的原因，只是因为喜欢那种属于自己的味道。

碧螺春是最常见的绿茶之一，它没有夺人眼球的强烈色彩，也没有摄人心魂的浓郁味道，泡发开来只是几缕清清淡淡的绿，浅浅的茶香，优雅却不张扬。茶店老板最爱这种茶，它的味道头道幽香鲜雅，二道翠绿醇滑，三道碧清味郁，让人回味无穷，仿佛就像他本人一样，清清雅雅，让人感觉宁静又舒服，宛如一件掩盖在平凡外表下的珍宝，可遇不可求。

云雾香幽味甜，却又如大家闺秀一般，条索紧细、青翠多毫，矜持而冷冽，开水注入后冒起细细的蒸汽，仿佛真有云雾在升腾，茶叶此间霎时舒展开来，绿似新叶，即便多次冲饮，依然清香爽神，沁人心脾，真是叫人捉摸不透。

毛尖体型最为玲珑秀气，在水中上下翻腾之时，俨然一位小家碧玉，天生柔骨，温柔娇媚，还未来得及真正入口，便已经沉醉其中。

也许是因为经过发酵与典藏，普洱就像一位风韵十足的成熟女子，具有极强的侵略，它的外形色泽褐红，香气独特浓郁，茶色红浓明亮就如一杯红酒，虽然入口会有微涩，然而在唇舌之间稍作停留，便能感受由内而外散发出来的满口香甜，令人神清气爽，持久绵长，这才是它真正的魅力所在。

茉莉龙珠则是茶界的异类，茶叶与含苞待放的茉莉花混合在一起，成就了这样一种香味芬芳的饮品，它的特点便是它的香，既是茶又是花，虽然是茶，却有着茉莉独有的香味，闻起来依然如初，就似怀着初恋情怀的少女，仙灵又生动，堪称不可多得的艺术佳品。

而我最爱的却是铁观音，看似朴素的外表却蕴含着底气十足的底蕴，让人欲罢不能。初接触铁观音，是被它的香味所吸引，铁观音不需长时间浸泡，取一盖碗，放上足量，滚水浇着上去，头道二道弃之，此时碗盖上已经被烙上了它独有的香味，闻盖香，似兰花，沁人心脾。三道取饮，只需十多秒便可倒出，滋味醇厚甘甜，润滑绵软，关键在它悠长延绵，连续冲泡六七次，依然沉香凝韵，给人无限安全可靠的感觉。

品茶就如品人生，人生在世，不同的人追求着不同的人生境界，有时总想要去争个高低之分与成败得失，却不知高低与成败，都是人生所具有的不同滋味，总会有人品尝得到，就如品茶，前茶苦，中茶香，后茶淡，一杯清茶，三味人生，酸甜苦辣尽在其中。

而人生也就像茶一般，一片茶叶看似无足轻重，一旦与水交融，便毫无保留地献上自己所有的精华，体现出自己全部的价值，这何尝不就是一个人生的缩影呢。一位学者曾经说过："人生如茶，在开水的煎熬下，茶叶逐渐舒展并散发出清香。经过开水煎熬后的茶叶依然是茶叶，而清淡的水却变成了一杯浓郁香醇的茶。""人生若如茶，那么人世间的煎熬对人生是一种成全。"人生难免会遇到各种不如意之事，生命何尝不是在遭遇一次次挫折与坎坷之后才真正释放出自己的能量吗，苦与甘，浓与淡，涩与香，各番滋味皆有体会，体悟人生苦乐，却也不失为一个很好的感悟过程。

闲来无事，沏杯清茶，看茶叶浮沉、茶色渐浓，于心于身都是一种特别的享受，心素如简、人淡如茶，足矣。

炼其体肤，
修其心灵

因为父母家的老房子在翻修，所以假期回到家，便借住在亲戚家里，亲戚家是一栋在县城里很常见的那种独栋小楼，两层半的高度，即便再住上一大家子都显得很富余。这次回到家，亲戚家的一楼客厅里多了一个黄色的瑜伽球，女儿对这个大大软软的球非常感兴趣，很快这只大球便成了她的专属玩具，一个人玩得乐不思蜀。我在边上照看着她，一边和亲戚聊天，本来以为瑜伽球是亲戚闲来无聊买回来的，谁知却是用来练习瑜伽的，一起购回的还有一块瑜伽垫和一套瑜伽服，我一脸惊奇地道："原来你也喜欢瑜伽，怎么没见你练过呀？"亲戚一脸无奈："看着同事们都练，一时心血来潮便想一起练，结果坚持不下去，时间一长就懒了，所以东西全部闲置了。"由于自己也在练习瑜伽，于是便和她分享了一些自己的想法与心得，并对她的放弃表示了非常惋惜，如果可以，真的希望她能够继续下去。

这种一时兴起的兴趣，我是非常不陌生的，因为我曾经也是如此，想着要健体塑身形，流行什么就想去学什么，结果总是三分钟热度，为此所做的投资也全部打了水漂。刚上班的那会儿，体质很不好，动不动就生病感冒，正好某个健身房到公司来做宣传，便跟着同事一起报了一个班，每天都有各自不同的课程让你自由选择，很是丰富，那时正是流行肚皮舞的时候，因为本身对那些快节奏的舞蹈也很感兴趣，便挑了这两种课程去上，一周大概四节课左右。我还特意买回来了一套很专业的舞蹈服装，一开始还在 C 先生面前夸下海口，说一定要学出个名堂出来，刚上课的时候还是兴趣盎然，每天下班便拎着自己专门配置的行头踩着个小单车便往健身房赶，跟着教练蹦得满头大汗，然后淋个热水澡再回到家，虽然累却还是感到非常舒坦，不得不承认，加上踩单车的运动，坚持上课的那段时间睡眠和身体状态都好了许多，连顽固的慢性鼻炎都发作得少了。

可惜好景不长，一转眼便到了寒冷的冬天，原本就已经觉得课程慢慢变得有些枯燥，加上急剧下降的气温，每一次的上课时间仿佛一下子变成了一项负担，为了不让C先生笑话，我为了逃避上课一边不停地找着各种不同的理由，有些借口更是让人啼笑皆非，最终C先生对我说："不想去就别去了，这么勉强，估计跳下来也没啥效果，还不如自己在家跑两圈。"于是我彻底自暴自弃，干脆把自己的健身卡低价转让掉了，一了百了。

之后的一些日子，我还依次对街舞、国标、搏击操这些玩意儿产生过非常浓厚的兴趣，只不过每次都是老调常弹，没有一样能真正坚持下来，一开始放弃的时候，在C先生面前还有些不太好意思，到后来已经变得无所谓，脸皮的厚度也增加了不止一个尺寸，而C先生也已经逐渐习惯了我的这种特性，还特意赐给我一个外号，名曰"三分钟小姐"，我欣然接受，不甚感激。

也许是因为觉得自己还年轻，那个时间段的每一次放弃我都没有太放在心上，可是随着年纪的逐渐增长，身体的状态慢慢地也大不如从前，特别在生完孩子以后，从身形到体质，更是每况愈下，这个时候我才真正体会到了危机感。可是曾经尝试过的那些项目，现在已经更加无法提起兴趣，于是便选择了前文中提到过的简单运动，仰卧起坐和慢跑，这次有了C先生真正的强硬监督，总算是坚持了下来取得了一些小小成果。

真正接触到瑜伽，是在我产假休完重新恢复上班以后，因为一向对这种慢悠悠的运动异常不感冒，所以对于瑜伽我一向是不感兴趣的，以前也曾有朋友相邀一起进行练习，都被我拒绝掉了。换了一家新公司上班，作息时间和之前有了一些变化，中午休息的时间长了许多，足够让人好好地睡一觉，可惜离家太远，干脆和另外两位女同事一起到同在一栋楼里的瑜伽房报了名，每天利用中午休息时间去练习，既能锻炼又能休息，一举两得。

教课的老师非常有气质，由内而外都散发出一种让人仰止的高雅，很是超脱，她给我们做示范的时候，身体慢慢调整成各种不同的姿势，令人赏心悦目，也一下子让我对她的课产生了一些兴趣。原本我只是想找个能在中午好好休息的地方，以前我总认为，这样不紧不慢的项目实在不适合我这样的急性子，却没想几节课下来，却让我变成了这项运动的忠实粉丝。

瑜伽有着非常久远的历史，与其说它是一项运动，不如说是一种信仰。瑜伽的起源原理其实很简单，古印度的宗师们在大自然中修行时，发现各种动植物天生具有放松、睡眠或修身的方法，甚至还可以治疗各种疾病，不药而愈，于是修行者们根据观察它们的各种姿势，模仿和体验，创造出了一系列的体位法，便成为了最古老的瑜伽。经过数千年时间的验证，到现在瑜伽已经是广为人知，喜欢它的人们不分年龄、性别、国籍和种族，在全世界数不胜数。瑜伽除了可以运动肌肉、舒展身体，达到增进健康的目的之外，最重要的一点是它可以修身养性，让人达到身体、心灵与精神和谐统一，做到真正的身心合一。

练习了一段时间瑜伽之后，我已经对它深深着迷，每次老师总会适时地教我深呼吸，学会自然放松，作为一个资深的急性子，竟然没有一丝不耐烦，就在一呼一吸之间竟然让我找到了属于自己的宁静，而现在即便在生活中遇到脾气即将爆发的时候，我也会习惯性先调整呼吸，帮助自己冷静下来，找到更好的方式解决问题。老师还曾告诉过我们，瑜伽练习时，要时刻保持微笑，不光要脸在笑，而是要真正地松开眉头，放开心灵，经常笑的人自然会更加美丽。

　　瑜伽还能增强人的自信心，练习瑜伽的时候，形体姿态是异常重要的，脊椎需要永远挺直，任何人都可以练习瑜伽，不论任何职业、任何阶层，只要直了自己的脊梁骨，才能真正扬眉吐气地做人，虽然瑜伽的动作非常之多，但是只要能够坚持练习，一天增进一点，带着快乐轻松的心情去做，你一定能发现，不管其他的事情做得好不好，但是只要持之以恒，瑜伽总能让你感到进步，让你找到自己应有的自信。

　　瑜伽的好处还有很多，可能到现在为止我都还没有完全领悟和体会，但是我还是迫不及待地想要表达出来。当然，也不是每个人都适合练习瑜伽，比如脊椎、腰椎比较脆弱的人群、骨骼过于老化或者疏松的人群以及心血管疾病的患者，等等，因为瑜伽有大量幅度很大的体式，不适合类似以上几类人群，一旦不当，很有可能会加重病情。而且，即便身体合适，如果没有接受过正规训练，还是尽量不要在家自学，不然容易受伤，还达不到最佳效果，所以找个好老师也是关键。

　　练习瑜伽不能急于求成，它不是一项单纯的运动，而是能让你心灵得到解脱的一种理念。每天找点时间，从身体开始一直到心灵，逐步放松自己，学会与自己对话，最需要的是循序渐进和持之以恒，慢慢地坚持与进步，你便会发现，今天永远比昨天更好。

来自天堂的声音

偶有失眠的夜里，我总是喜欢借音乐来排遣情绪，一个人静静的，或躺或坐，一杯茶、一本书、一首优美的音乐。我是一个很容易被情绪所影响的人，心情烦闷的时候，总是随手打开收音机，没有例外地停留在音乐电台的调频上，或恬静、或伤感、或轻快，无一不能打动人心。

妈妈曾经告诉过我，从小我对音乐就有着特别的偏好，只要听到有旋律响起，便会手舞足蹈，一副兴高采烈的样子，开心不已。而在我的记忆中，第一次被音乐所打动，是因为儿时的一部电视剧，《小龙人》里面的一首插曲，那时候年岁还小，详细的剧情已经记不太清楚，记忆里的那首歌却一直都还在，是一首表达对妈妈的爱的歌，还记得曾经因为喜欢，于是将那首歌的歌词用粉笔写在了自家房子的墙上，还被妈妈骂了个狗血淋头，差点没被鸡毛掸子给伺候。从那时起，我对电视中所有的音乐产生了非常强烈的兴趣，不管是武侠片、爱情片还是儿童片，不管是主题曲、插曲还是一段小小的配乐，我都能哼出完整的旋律，只不过因为不能理解歌曲中的歌词含义，又无法认全电视屏幕中显示的歌词，于是只能按照"音译"自行乱套，一首歌经常被我改得面目全非，完全不知所云，而每天上学放学途中，嘴巴都不停歇，小声唱着只有自己能够理解的歌曲，乐不可支。

　　真正体会到音乐的重要性，是我一个人离家在外地求学的时候，因为读书早，大一的时候我不过才十多岁的年纪，选择远离家乡，其实是为了逃离父母的管束，只是真正离开后才发觉有亲人在身边是一件多么幸福的事情。由于自己本身性格的原因，不太懂得与人之间的交际，再加上由于较晚报到，被分在了一个混合宿舍，同一间宿舍内没有一个是本专业的人，交流越发就少了许多，所以一开始的大学生活对于我来说是非常辛苦的，在一个人生地不熟的地方，没有熟识的人，无法成功认识新的朋友，生活的全部便成了非常简单的教室、食堂、宿舍三点一线，时间一长自然感觉非常枯燥，每当这个时候，唯一能够陪伴我的就是一首首动听的音乐，躺在床上，捧着一本爱看的书，有时候耳机里是音乐电台的随机歌曲，有的时候则是所钟爱的音乐家或歌手的专辑作品，轻柔而动听的曲调充斥着自己的耳朵，此时，不论是快乐或者痛苦，清醒或者迷茫，不安或者惶恐，都能在音乐中得到缓解和平静，让我原本落寞的心灵得到净化与释放，感受到了生命中那些存在着的美好。

随着年龄的逐渐增长，音乐一直都伴随在我的左右，成了我生活当中不可或缺的一部分，每当心情好的时候我所听的音乐便是欢快的，而烦忧的时候则变成了舒缓或者伤感的，我已经习惯了用音乐来诉说自己的心情，借着音乐来自我调节自己的心灵状态，表达着喜怒哀乐。

人的情绪不过就那样几种，快乐的时候我们习惯与人共享，那场面无非就是一种热闹的宣泄，吵闹谈笑间，时间悄然流逝；而痛苦或伤心的时候，总会习惯将伤疤埋藏在自己心中，平日忙碌的生活状态可能会将它暂时遗忘，然而一旦不小心触碰，会让人有一种被重新撕裂的疼痛，这种煎熬让人痛不欲生，却无法解脱，想要再重新回到曾经那个可以笑得没心没肺的纯真年代，永远都不会实现。

这时候，最需要的便是一种调剂心态的药方。而我的药方，便是音乐。也曾经历过失恋之痛、丧亲之痛，那种心如死寂般的悲痛让人沉痛又凄凉，无法轻松，唯有静听一曲音乐的时候，才会让我压抑的情绪得到一些缓解，不经意之间仿佛有一丝光亮照进了灰暗的心，又如一缕清泉潺潺地流进你的心头，让我沉浸在痛苦和失落中不能自拔的心房慢慢打开，给人一种豁然开朗的畅快。

每当心情需要舒解的时候，我总是会听一首歌曲，琳恩·玛莲的《A Place Nearby》，相比起来我更喜欢这首歌的中文译名——《天堂若比邻》，琳恩·玛莲这个来自挪威的音乐精灵，用她仿佛来自天堂的声音唤醒着我内心的共鸣，感受着那份由心而发的自然与脱俗。第一次听到它是因为偶然打开了一个游戏网站，作为那个网游的主题曲，网站的主页一打开，这首歌曲的曲调便慢慢弥漫开来，只是一个缓缓的开头，就深深吸引到了我，原本准备点击关闭网页的手停了下来，静静地听完了它，整首歌曲都很平缓，如泣如诉却又透出些许淡然，配上夹杂着少许鼻音的柔和女声，仿佛就像一位天使在你耳边娓娓道来，一曲完毕，沉浸其中无法自拔。后来，我疯狂地搜寻关于这首歌的资料，原来它表达了一个悲伤的故事，一个男孩在死前给爱人留了遗愿，希望她不要因为自己的离去而感到难过，希望她能好好地继续生活，就像歌里所说的那样："天堂并不遥远，也许就在外面身边，总有一天你能找到我，所以没有必要说再见，也不要再为我哭泣，因为我将永远守护在你身边。"

就是这样一首伤感却又积极向上的歌曲，陪我走过了一段又一段最难过的日子，的确，我们没法改变生命的轨迹，也无法把握时间运行的速度，对于所有让人难过的事情，我们能做的最正确的事情，或许就是在缅怀过去中继续健康向上地生活，这才是对自己所遇到过的坎坷最好的回应。

当音乐贯穿到人们心灵最深处的时候，它仿佛有了自己的生命，它汹涌地存在着，荡漾在人们的希望中，飘融在人们的愿景里。可惜的是，如今有些人已经习惯了快节奏的生活方式，哪怕伤心或者难过，宁愿选择更加极端的方式进行宣泄，也不愿意停下自己的脚步静下心来听一首自己曾经钟爱的曲子，不要再让任何因素成为你的借口，其实你只是忘记了，忘记了在自己的生命中，还存在着这样一份随手可得的礼物，哪怕只有一小会儿空闲，关掉时事财经的网页或广播，打开许久不放的 CD 或音乐电台，试着重新学会聆听，让自己沉浸在那或低沉、或高昂、或优美、或舒缓的氛围里,放下所有工作,与音乐进行一次对话,你会发现,音乐真的是具有非常神奇魔力的高深艺术,不论是从心理还是生理上,也许会让你重新听到自己怦然心动的声音,看见不一样的蓝天……

养性与修身

前几年,在驾校学习驾驶的期间内,我有幸认识了一位朋友——W哥,当年W哥已经快四十的年纪,为人大气又随和,还很会照顾人,并且不会让人产生不好的感觉,感觉就像一位天生的绅士。看他的样子应该算是一位成功人士,却到了这个年纪才来考驾照,不得不让人感到好奇,和他稍微熟悉一些之后,终于忍不住表达了我的疑问,W哥没有一点隐瞒的意思,大方地告诉了我答案,原来他是一家公司的高管,自己本身并不会开车,平日里有司机的接送,也就没有产生考驾照的想法,可是最近他向公司提交了辞呈,准备过段时间自己开车去全国自驾游,所以才临时抱佛脚前来报名学习,打算拿到驾照后在市内锻炼一下实操技术便准备上路。如此一来,反而更加勾起了我的好奇心,想不通为什么为了一个自驾游而选择放弃公司高层的职位,真是令人费解,可惜我认为还没有熟悉到能够问他如此隐私的问题,只能暂时压下内心的疑惑,没有追问。

后来随着相处时间的增加,发现虽然我们年纪相差略大,但是两个人的性格和处世方式实在相似,时间越久两人之间是越发投缘,逐渐发展成了忘年交的朋友，我想说什么在他面前也不再需要犹豫，而 W 哥直接把我当成了妹妹，知无不言，无话不说很是爽快。于是，就这样我知道了关于 W 哥的很多事情，关于他的经历其实有些传奇色彩，不过总结下来，也就是几句话能够概括：高中少年外出闯荡，历经失败与坎坷终有所成，高级打工仔名利双收、妻贤子孝生活幸福。以上便是 W 哥之前的全部生活状态，唯一没有表达出来的只有工作中所要面对的各种压力，W 哥并不是一个很物欲的人，早前的拼搏是为了生活，而如今生活逐渐好了起来，他反而对平日工作中经常要面对的一些商业化的应酬产生了强烈反感，每当要对着各类客户脸上挂着机械的微笑时，他总会感到前所未有的疲惫和厌倦，所以 W 哥经过很长时间的考虑，取得家人的同意之后，下定决心提出了请辞。

我一面感叹 W 哥的勇气与魄力，一面不由对他以后的生活感到担忧，不知道 时的轻松之后会不会有一些落差感，让他感到不适应。W 哥并没有回答我这个问题，他第一次在我面前卖起了关子，脸上还浮现出一种看上去高深莫测的笑容，一看就知道他已经有了其他的打算却故意故弄玄虚，那副欠揍的表情让我恨得牙痒痒却只有无可奈何。W 哥的考试一路下来都很顺利，最后一个考试项目的时候，在我还因为仪器故障而需要重新安排考试的时候，他已经在某位好心考官的指导下一次性顺利通过了，运气之好真是让人忌妒。

后来，我继续在驾校练车，W 哥偶尔还会顺路过来看下我，最后一次在驾校见面是他过来取驾照的时候，那天 W 哥还带着他老婆和儿子，W 嫂的气场就是一副宅门大少奶奶的样子，高挑、端庄又秀丽，气质好得不行；小 W 十多岁的年纪，长得像妈妈，个子也比 W 哥高出了许多，很有朝气的一个小帅哥，三个人看上去和谐又温馨，真是幸福的一家子。一起吃饭的时候，W哥告诉我趁着孩子放暑假，过几天他们便准备回老家了，在那边待一段日子就准备驾车游一圈，因为他技术还不是很好，要和W嫂轮着驾驶，所以这次的行程选择了比较好走的一些地方，时间也不会很长，等回到C城再和我联系。突然之间有一些伤感，虽然W哥的洒脱很是让人羡慕，可是还是会不由得为他有些担心，不过我现在唯一能做的也只有给予他们最真诚的祝福了。

那段时间内，W哥没有和我联系，唯一能知晓他情况的途径便是微博的更新，我便是从W哥的微博状态知道他们开始旅程具体的日子，每到一个地方，W哥都会放上一张他们一家三口的合影，背后一般则是当地的标志性建筑或景色，看得出他的状态很好，有家人在身边一直陪伴，想必是非常快乐的。

W哥回到C城已经是一个多月以后的事情了，回来之后他带着家人和我聚了一次，之后再次没有了音讯，这次连微博都找不到他的踪迹了，如果不是特别的事情，我没有主动去联系别人的习惯，特别是W哥，我知道他应该在忙着自己的事情，所以不会去打扰，不过让人意外的是，大约两个月之后，我收到了来自W哥的邮件，邮件内容是一张电子邀请函，邀请我在三天后参加属于他咖啡馆的开业仪式，还特别强调，不许送任何礼物，人到了就行。三天之后，我如约到了信函内所说的地点，是C城一个很有名的商业区，在一个高档小区的区域内，琳琅满目的商店内的货品都是以具有格调和小资风格为卖点，很讨一些人的喜欢。W哥的咖啡馆叫作"杂货铺"，黑色的招牌，自然设计得很有特色，不过更有特点的却是它里面的布置，店内一共有两层，一层是以书籍为主，其中一整面墙全都被设计成了书架，里面已经被书填满，据说都是 W 哥多年以来的藏书，其中有一小部分还是很难找的绝版，这一发现让我欣喜若狂，顿时只想赖在这里一整天；第二层是一个架空层，只占了一层一半的面积，而最显眼的是墙上挂着的一个幻灯荧幕，上面正放映着美国的黑白默片，卓别林的《淘金记》，搭配着欧美怀旧的装修风格，很有一种穿越到了另一个时代的感觉。

此刻我终于明白了 W 哥曾经那一抹高深莫测微笑的含义，原来他一直酝酿的就是这件事情，W 哥说，有时候生活的惬意和工作的压力始终是不能两全的事情，所以他才会有想把爱好变成工作的想法，不为赚大钱，只为让自己和家人过得更加自由一些。

从此，"杂货铺咖啡馆"成为了我的常驻点，只要有时间，便会约上几位好友小聚，一杯咖啡、一本好书、一部电影，闲情逸致，好不舒坦。不得不承认，W 哥用心的设计真的能让待在这里的人感到非常放松，由内而外散发出一种自在感。每一周 W 哥还制定了不同的电影主题，每天都会有不同的电影预告，或怀旧经典、或恢宏巨制、或小众清新，等等，任谁都能看得出店老板肯定是一位懂电影的人。W 哥也曾经说过他一个人在外打拼，一次次失败摔倒的时候，没有人能安慰自己，陪伴他的便是楼下那一本本的书籍和无数张碟片，每次想要放弃的时候，他都能从里面重新找到属于自己的力量，继续坚持。

当生活的全部都被自己所喜欢的事情占满，修身养性真的成了一件异常简单的事情，还有什么是不可得到的呢？当然，我很清楚，W 哥能得到现在所有的一切，与之相对应的则是他曾经付出的那些努力，可是，最难得的还是他那颗经过残酷现实洗礼却依然还能保持豁达的心，W 哥用他自己的方法实现了自己的梦想，只有拥有这样的心灵，才能做到如此干净利落地放弃。有人说修身才能养性，可是，如果人们需要一直面对来自各方面不同的压力，不停地产生烦闷与郁结，无法做到养性，又如何能做到安心修身，其实我们要做到的，是努力让自己保持一种能随时放松的心态，俗话说，心宽体胖，心胸开阔了，又何愁体不舒坦呢。

第七辑

朴素的幸福，说给感动

幸福这个词语很抽象，每个人对幸福的见解都各不相同，有人认为，
幸福就是住豪宅开名车，享尽荣华富贵，一切都需要建立在物质的基础上；
有人认为，幸福是一件很难得的事情，可遇而不可求，难以实现；
有人认为，幸福就是轰轰烈烈，刻骨铭心，才能一辈子让人无法忘却。
可是我却认为，幸福只是在流年的羁绊里衍生出的一种来自于内心的感觉，
幸福不一定要锦衣玉食，不需要太过轰动的浪漫，更不需要太多华丽的修饰，
它需要的只是人们亲密相处的同时用心地呵护与珍惜，
只有这样，才能在任何时间、任何环境下都能感受到幸福的存在，朴素却纯粹。

发现幸福的眼睛

在我小的时候，对于"幸福"这个词，曾经我是无法理解的。父母因为工作的原因，从小就将我一个人放在了爷爷奶奶的身边，那是一个有些偏远的小山村，在那里，我度过了整个童年，直到小学毕业才被他们正式接到了自己身边。

所以，曾经我对父母的感情是很淡薄的，不光淡薄，还有一些埋怨，尽管比起其他山村的孩子们，他们给予了我比他们要好上无数倍的物质补偿，偶尔过来看我的时候都会带许多新奇好玩的礼物，但是却无法弥补我心里的那份渴望关爱的心，于是那时候我总认为，爸爸妈妈肯定是不爱我，才会丢下我。

不过，后来爷爷奶奶对我无微不至地照顾让我渐渐遗忘了这种不平衡感，因为是在一个山村小学读书，可想而知还是在90年代的时候，学校的硬件条件肯定不是太好，每天我们的午饭是在学校吃，美其名曰"搭餐"，但是食堂里只给我们提供新煮的热饭，而下饭的菜肴则需要学生们在上学的时候自己用饭盒带到学校里来，所以，一般到了中午的时候，菜已经变得冰冷了，夏天的时候还能将就，一到冬天，孩子们就只能就着冰冷的菜吃几口热饭，很是艰苦。

  为了让我每天都能吃上热腾腾的饭菜，爷爷奶奶果断地取消了我在学校的"搭餐"，每天算好时间便开始在家准备新鲜的饭菜，然后赶在中午下课铃之前送到我的教室。爷爷特意在上集市的时候给我买了一个保温桶，里面分了几层，分别放着荤菜、素菜和米饭，还会额外用另外的碗给我盛上一份热腾腾的汤，一般都是我最爱的瘦肉粉丝汤。

  小时候的我非常挑食，爱吃的东西不过就那几样，而最爱的则是瘦肉，不管是炒着吃还是剁碎开汤，都非常地喜欢，每餐必备；素菜呢，蔬菜类的东西只吃叶子部分，梗的部分是碰都不碰，而类似于扁豆之类的菜更加离谱，只愿意吃里面的豆子，外面的壳我是非常嫌弃的。为了满足我这些奇葩的习惯，在那个除了过年宰年猪，平常日子的猪肉还算得上"奢侈品"的小山村里，因为没有冰箱，夏天的时候爷爷每隔上一天便会到集市上去剁上一些猪肉，差不多是我能吃上两天的量，而温度稍低的时候，便会一次性多准备一些，而这些肉的瘦肉部分爷爷和奶奶两个人基本是不会碰的，全都留给了我一人独享。后来长大了一点，也懂事了一些，每次喝汤的时候都会以"吃不下"为借口哄着两位老人吃上几口，这样我心里会更加舒坦一些。

之所以如此详细地描写这些细节，只是想能更准确地表达出两位老人对我的爱是多么的无私，可惜当时年幼的我并不能理解这层含义，只把这些当成了自己理所当然应得的，还曾很不懂事地抱怨爷爷奶奶将自己管得太严，别人家的小朋友都能无拘无束地上山下水玩得不亦乐乎，而我却被奶奶死死地看着，因为怕有危险所以不允许去离家太远的地方，我甚至羡慕能在学校里捧着自己的饭盒一边吃饭一边玩的孩子，而不是像我一样每天都在爷爷的关注下规规矩矩地完成自己的午餐。可是现在再想一想，其实在当时我才是班上其他孩子都羡慕的对象吧。

后来我已经没有了父母不在身边所带来的那种失落感，取而代之的却是对爷爷奶奶越来越深厚的依赖，以及对父母越发冷淡的感情。一年到头父母来看我的次数屈指可数，唯一待得长一点的时间便是过年那几天，那段时间我是非常盼望着他们回家的，因为他们会带来我喜爱的烟花和新买的衣服、鞋帽，还有压岁钱，不过心里所期盼的也仅此而已。遇到放暑假的时候，父母偶尔也会把我带到县城里住上几天，可是即便回到了自己家里，每天陪伴着自己的也只有一台电视和无数本少儿读物，父母照旧早出晚归，忙着自己的事情，有时候甚至连晚餐都来不及回家给我做，只能给我准备一箱方便面，饿得不行的时候用来填填肚子，不过正因为如此，在那些日子里，我学会了自己煮饭炒菜，有时候父母回到家中还能吃上我准备的几样简单的饭菜，尽管味道不算太好，却至少也能好过方便面的味道。

就这样，很长一段时间我都认为自己是可怜的、不幸的、值得同情的，也因为如此，我一直都在刻意地寻找能让我幸福的感觉，却适得其反不断放大了自己的悲观情绪。我开始故意和父母唱反调，和他们吵架、冷战，甚至还瞎说自己不是他们亲生的，要他们把我还给自己的亲生父母，终于有一天，母亲忍不住打了我，用扫地的笤帚不停地拍打在我身上，一边还骂着我不懂事，最后她自己却流下了眼泪，哭着丢下笤帚抱着我泣不成声，而父亲一直在一旁抽着烟，看到这样的情景一向温和的父亲也只能不停地叹气。

很久很久之后，已经成年的我才真正明白了那天母亲的眼泪和父亲叹息的真正含义，那是由后悔、无奈和伤心相互交杂着的一种复杂情绪。后来随着一天天的长大，越来越懂事的我也有些明白了家人一直为我所做的一切，不说爷爷奶奶已经给了我他们的全部，单说父母，换个角度想想，谁不想安心待在家中，过着有老人照顾、儿女绕膝的生活，不是父母不想，可惜的是他们不能，其实他们在对我进行物质补偿的同时，正是在表达他们对我的爱，正是因为爱，才会因为对没能一直陪伴在我身边而感到愧疚，也是因为爱，他们才会为了给我更好的生活而一直在外打拼。而我非但不能体谅他们，还一直在默默地抱怨，甚至可以冷淡他们，不能想象这种幼稚的行为其实对他们造成了多大的伤害。

原来，"身在福中不知福"说的就是幼时的我，其实，幸福就是一种心态，你若能试着去感受幸福，幸福就会放大无数倍地围绕在你身边；而如果你只感受到自己的不快与悲伤，同样你的生活便会变得低落与痛苦，让你一直沮丧与悲观。每个人都有自己不同的生命旅程，也许你曾经所羡慕过的人，却不一定有你过得快乐和幸福，可能在你羡慕他的同时，他也在羡慕你所拥有的那么多的关怀与疼爱，每一种平淡的生活都能散发出它特有的芬芳，曾经的我，不懂得用心去感受和品味曾经拥有的幸福，所以错失了很多应该有的满足与快乐，当我明白之后，才真正懂得幸福二字所包含的真正含义。有时，属于自己的幸福其实离我们很近，只是我们少了一双能够发现它的眼睛，有时幸福也很简单，我们要做的仅仅只是用心去感受与体会，如果有一天你突然发觉自己已经被爱所包围的时候，幸福其实早就已经围绕在你身边。

不同的生活，一样的快乐

机缘巧合，一段日子里，朋友的一个小店因为没时间打理的关系，一时间又无法在短期内转让，导致空置了很久，于是被我捡了个便宜，免费转手给我经营。店里的装修几乎已经不需要做，只是简单地购置了一些装备，定做了一个招牌，挂上了一批货物，一个新的服装店便开业了。我新请了一个店员替我看店，而自己则继续上班，由于店面的位置是在一个小区的下面，人流量不算很大，生意也不是很火爆，只不过因为成本不高，也能勉强维持得下去，反正我也没打算大富大贵，纯粹一个爱好和消遣而已，不过时间一长，尽管客人不算多，大部分都是小区内的住户，却也积累了一些老顾客，成了店里的常客。

周末或者放假不需要上班的时候，我会亲自到店里坐着，让店员放上几天假，就在我亲自坐镇的期间，我认识了很多投缘的老顾客，有些后来还成为了朋友，不得不承认这才是我开店那段时间里最大的一份收获。这些顾客里让我印象深刻的有一位L姐，L姐第一次进店是在一个傍晚，穿着一套很居家的衣服，还有些湿润的头发披散着，想必是吃完饭，洗完澡出来散步了。之所以会对她特别注意是因为一般到我店里来的客人，要么是和闺密朋友一起，要么是一个人，即便带着男朋友或者老公，除非是我很熟的朋友，男方都会非常无趣地选择站在门外等待自己的伴侣，任凭姑娘们怎么呼叫都不愿意跨进店内。而L姐是和自己老公一起进来的，L姐看上去四十多岁的年纪，中等个子，中等姿色，还有些微胖，可是她的脸上一直都挂着笑容，所以和某些难伺候的扑克脸客人比起来，她看上去格外的亲切。L姐的老公同样个子不高，却很瘦，一副斯文儒雅的样子，和L姐比起来，看上去要年轻了好几岁，最难得的是，L姐夫一直都在L姐身边耐心地陪着她选试衣服，对于每一件试穿的衣服他还能给她提出很中肯的意见，而不是用"可以"、"随便"这一类的词去敷衍，之后几乎L姐每一次来逛店，L姐夫都会和她在一起，每次不管时间多长，他也没有一丝不耐烦的感觉。

　　L姐是个性格很干脆的人，很巧的是她总是在我看店的时候出现，几次下来，两人也渐渐熟悉了，后来有一次，我开玩笑说L姐夫真是一个耐心的好老公，听我这样说，L姐的脸上竟然奇迹般地出现了两朵红晕，一向大大咧咧的她竟然也羞涩起来，让L姐夫取笑了好久，两个人的感情之好可见一斑。偶尔我会和L姐在微信上互动，她总是会发一些自己DIY的美食照片，有时是一个长得像石头的大面包，有时是一盘被烤焦的饼干，这些东西的共同点就是都离成功还差那么一点点距离，可是几乎每张照片里都会看到L姐夫挂着他的招牌傻笑站在那些食物边上，吃得一脸满足的样子。说起来L姐俩夫妻的年纪都不算小了，可是两人之间的相处模式透出来的信息竟然让我感受到了"童真"二字，他们仿佛就像两个天真的孩子，不受任何影响单纯地享受着属于自己的生活，还能一直保持着像这样简单又快乐的状态，实在是很难得的一件事情，任谁都是会羡慕的吧。

除了这对可爱的人儿，我还认识了一位Z姐，Z姐年纪和L姐差不多，不过身材保养得非常好，可以说是玲珑有致，没有一丝多余的赘肉，一点都看不出已经有了四十多岁的年纪。"购物狂"是我对Z姐的第一印象，每次到了新货她都会第一时间赶来，选上一堆回去，有时候因为犯懒很久没有上新货，她便会打来电话或者跑到我店里来催货，开门晚了或者关门关得早了，她都会给我发微信说我犯懒，Z姐的存在让我在自由自在看店的日子也有了一种上班的感觉。

和L姐不同的是，Z姐现在一直是一个人在生活，她原本也有过一段婚姻，不得不说包办婚姻真的害人不浅，Z姐也是因为年轻时不想违背父母的意愿与一个不爱的男人组成了一个家庭，她也曾尝试去接受与妥协，却始终无法将就下去，最终还是选择了离婚，从此，Z姐便开始自己一个人的生活，一直到现在。Z姐在C市的一家市政单位担任着一个比较重要的职位，在离婚之前，原本只是在那里挂了一个职，几乎没有去上过班，然而单身以后，为了不让别人说自己闲话，她将自己变身成了一个工作狂人，把自己的全部心思放到了工作当中，成了单位中靠工作能力升职最快的人，每年得表彰无数，还获得了劳模的称号。第一次听到Z姐说起关于她自己的事，我很是大吃了一惊，因为在我的印象中，Z姐一直是一个乐观直爽的富家大小姐的形象，在她身上看不到一点可以吃苦的影子，可是事实却完全颠覆了我的想象。

现在的Z姐已经不用再像以前那样拼命，不过时间一长还是能发现她身上那种很强的责任心，不管是对人还是对工作都是一样，她是一个重感情的人，能做她的朋友真是一件幸福的事情。不过在感情上，Z姐还是一直处于空白的状态，她说也有人给她做过介绍，也进行过几次相亲，可惜都以无法对男方产生感觉而告终，我问过她如果一直是一个人该怎么办，她回答得很洒脱，她说："如果一直不能遇见一个真正适合自己的人，我宁愿一直单着，我自己也可以过得很好，现在没事出去旅旅游、购购物，真的是一种很惬意的生活，如果老了还是一个人，我便找一个安静的地方住着，没事去广场跳跳广场舞，看自己有没有魅力能勾搭上几个小老头，别小看我，唱歌跳舞我可还是很在行的。"说完她放声大笑，看不出任何失落的情绪。

Z姐开朗又洒脱的人生观深深地打动了我，我曾想象过如果是自己遇到和她一样的事情，会不会做得比她更好，答案是肯定不会。和Z姐不同，我安慰自己的方式有时只是在假装洒脱，哪怕有不开心的地方，最多也只会用阿Q精神来麻痹自己，而Z姐不是，不论是在工作还是在感情上，她都做了自己人生的主导者，真正地选择了能让自己感到快乐的方式在生活。

如果说我对L姐夫妻两人是羡慕与向往的话，对Z姐我更多了一份敬佩。谁都不敢保证自己身边会一直有人陪伴，也不敢保证当时看似圆满的人生路上不会发生变故，可是即便在面对这些变化的时候，不管生活在怎样的环境中，时刻记得让自己保持平淡又乐观的心境，不因挫折而沮丧，不为成就而狂喜，仍然能以最平常的心态去面对未来的人生路，也是一件非常了不起的事情。享受家庭美满是一种幸福，享受属于自己的旅程更是一种幸福，幸福没有标准法则，只要能真正感受到发自内心的快乐，你就是幸福的。

幸福的指数

近几年，国内一直都在做一个名叫"全国城市幸福指数"的排名调查，C城连续几年都榜上有名，而且每年的指数数据都在不断攀升，成为不折不扣的"中国最具幸福感城市"。虽然我不知道评选这个排名的依据是什么，不过在这份榜单中，我却发现了一个奇怪的现象，国内越是经济发达的城市，生活在城市中的人们的幸福感反而越差，所以榜单中垫底的城市通常都是以它的发展迅速而有名的。

有时候我会思考这样一个问题，人究竟要得到什么才会真正地感到满足，然而就在人们不停地追求物质上的满足时，却忘记了我们本身为什么会存在的原因，究其根源，人们活在世上最大的条件无非就是吃饱穿暖身体好，只要做到这几点，人类就能顺利地在这个世界上生活下去。曾经在一家当地的知名网站上看到过一个专题栏目——"C城人的一天"，内容是由一组组普通人的图片组成，亲切又温馨，让人感动。其中有一个系列是以农民工兄弟们作为主题，在这一组图片里，有在烈日下满头大汗的建筑工人，有刚从矿井里钻出来一身脏的矿工，有戴着草帽和丈夫一起工作的女工人，还有一群看上去非常年轻的搬运工人们，就是这样的一个人群，几乎每天都在用自己的体力劳动换取属于他们那并不多的报酬，也许除了出卖劳动力，他们无法找出更加适合自己的生存方法，如果不这样辛苦地工作，可能连最基本的"活着"都无法做到。

可是这组图片却并没有在表达他们的辛酸，相反，每一张图片中的主角，脸上都挂着笑容，有的憨厚、有的羞涩，还有的透着不谙世事的纯真，编者为这组图片取了一个寓意很好的名字——"快活"。所谓快活，即为快乐地活着，人们只要活着，都会有苦有乐，不管你是锦衣玉食还是在为生计发愁，这都是无法改变的事实，所以，即便这群农民工兄弟们每天都做着最辛苦的工作，也无法磨灭属于他们的那份幸福，他们的幸福绝不会是腰缠万贯，也绝不是外表光鲜，他们需要的只是按时拿到自己的酬劳，这样就能给家里的父母打上一个电话，给孩子买上几件新衣裳，交上新学期的学费。幸福的含义在这里显得特别的简单、真实与纯净，对于这些朴实的劳动者们来说，他们脸上真实的笑容才能真正体现出属于他们的幸福。

不过话又说回来，C城在我的印象中的确是一个能让人随时感到悠闲的地方，尽管它的发展不够迅速，尽管它的收入水平不算太高，尽管它的房价也在持续往上飙升，可是这都没有影响到C城的人们生活在这里的兴趣，依旧用自己的节奏演奏着自己的生活乐章，也许偶尔也会有些许抱怨，却也只是无伤大雅的自嘲与玩笑，不管是什么阶层的人，农民工也好、老板也罢，他们积极向上的生活态度却是相同的，并没有太多的改变，也许这正是幸福感爆棚的根本原因所在吧。

前段日子我早上上班的时候发现，公司附近多了一个早餐摊子，是一辆摆摊用的推车，推车前方贴着一张大大的红纸，便是它的招牌，上面写着："下岗创业，独家配方，秘制卤粉"。我上班的地方在一家报业公司的附近，算不得很繁华的商业区，一般午餐都是盒饭解决，但是对于早餐，我却一直没有找到很合心意的地方，试过几家面粉店，吃了几次也就腻了，这次看到出现了一家新摊，很是兴奋，当时就想上去试上一试，在等待老板制作卤粉的空当，我打量起了这个早餐摊的主人，是一位三十多岁的大姐，穿着很朴素的衣裳，却收拾得很干净利落，一副清爽的样子。突然，她身边站着的一个小伙子吸引了我的注意，不过十多岁的年纪，看上去还是一个学生，转念一想似乎已经是暑假期间了，才会和她一起在这里摆摊吧，此时她正在旁边指导那个小伙子给我装碗放调料，他的手法还不是很娴熟，一看就是没有经过训练的新手，付钱的时候我顺口问了一句："大姐你这么年轻孩子就这么大了呀！"大姐忍俊不禁，笑着告诉我那是她弟弟，把我弄了一个大红脸，接过自己的早餐灰溜溜地跑向了公司。

大姐制作的卤粉味道的确很不错，关键是性价比特别高，分量足又实惠，看上去也很干净的样子，所以几天下来，生意越来越红火，连着好多天我出门稍微晚一些，每次都碰到大姐卖完收摊，好几次都没能吃到秘制卤粉，让我馋虫大发，沮丧得要命，大姐看着我闷闷不乐的样子，主动跟我说保证明天会给我留上一份，到了就能吃到，感动得我差点没当场抱住她，逗得大姐弟弟在边上嗤嗤直笑，不过只要能吃上美食，丢下脸又有什么关系呢。

后来我慢慢地知道了更多关于大姐的事情，大姐老家在一个小县城里，原本在县里一家水泥厂工作，后来因为工厂倒闭她便下了岗，由于自身的条件重新找份工作是很不容易的，万般无奈之下，就想到了摆摊。听大姐说，其实刚开始她还在其他地方摆过，生意并不算太好，一个是因为竞争太激烈，还有一个原因就是自家的卤粉味道太过普通，没有特色，无法吸引到更多的回头客。想要卖得好就必须创新，大姐在传统卤汁熬制的基础上尝试着添加其他的佐料，为了让味道做到更好，大姐一遍遍地尝试，直到找到最适合的配料搭配为止，另外，她还改良了放置的调料，所有的辣椒、蒜油等佐料都由自己亲手配制，她还在卤粉中加入了自制的卤牛肉片，虽然成本增加了，但是味道确实比以前要好了很多，喜欢吃的人自然就多了起来。大姐说起这些的时候一直都是乐呵呵的，当然除了味道，服务和卫生也很重要，摊子虽小，受众面却很广，亲切的一声问候，看上去清澈干净的制作工具，都能使匆匆上班的人们感受到一份来自于摊主的真诚，心都会变得更加温暖起来。

从此，我成了大姐这里的常客，除非是我特意交代，大姐都会额外给我留上一份，有时候卖得快收摊早，她也会一直等到我来为止，每次拿到属于我的那份早餐，看着大姐和她弟弟亲切温暖的笑容，心里都会泛起一阵感动，我还问过弟弟跟着姐姐一起出摊会不会感到辛苦和难堪，毕竟当今的很多年轻人都还很讲究面子，弟弟说："的确很辛苦，每天要起很早帮忙，一开始也会不好意思，但是习惯了之后却感到非常的满足和踏实，通过自己的劳动付出带给他人满意，自己还能收获一份快乐，何乐而不为呢，何况，能陪着姐姐一起'创业'，真的是一件很幸福的事情。"

原来在这些平凡人的眼里，幸福就是如此的简单，也正是这些平凡人的存在才促成了 C 城这样一个和谐的城市，而幸福指数并不是以人们看了一部电影、吃了一顿美食所获得的这种短暂快感为标准而评判的，它是指在生活中能令你感到持续、稳定的一种幸福感觉。曾经有人提出过一个幸福公式，其实真正的普通人哪里会思考那么多，在他们眼里，幸福就是每天都能够笑着面对新的一天，是对自己生存现状的一种全面肯定。幸福从不怀念过去，也不会向往未来，幸福只在今天，只要抱着一颗平常心，常品生活之美，常怀感恩之心，幸福就会常驻心间，你就会成为一个快乐的收获者。

爱的港湾

　　C城最近很难得的已经持续了很多天让人度过了感觉很舒适的天气，徐徐和风伴着适宜的温度，还有温暖的太阳，照得人身上暖洋洋的。更难得的是，在这样的好天气里恰巧赶上了每年一度的国庆长假，于是，提前多请了一天假，避开回家高峰和老公一起带着女儿开着车踏上了回娘家的路。我的老家和C城在同一个省，不过中间还隔了其他一个市，回家的车程差不多近4个小时，原本和老公还在恋爱时期的时候，也能时不时地回去，可是在女儿出生以后，一年到头能够回家的机会数起来也就那么几天，所以每次机会我们都很珍惜。

　　女儿今年已经快两岁了，非常地顽皮，加上为了夏天防痱子给她剪了个很短的头发，一直到现在都还没有留起来，所以看上去就是一个男孩的样子。女儿坐在车上比谁都要兴奋，她已经会说很多话了，也认识很多东西，加上正是喜欢模仿大人说话的年龄，所以一路上唧唧喳喳嘟囔个不停，看到新奇的玩意儿还会抑制不住高兴地大声尖叫，热闹不已，她趁我不注意还时不时地想跑到前座驾驶的座位上，干扰她爸爸专心驾驶，车子当时正行驶在高速公路上，差点没把我吓个半死。

好在还是平安地到达了目的地，因为一路上都在应付那个小捣蛋，到家之后我一身的骨架都仿佛要散架了一般，累得不行，可是女儿已经好几个月没有见着外婆了，所以有些认生，一屋子人只愿意黏着我，没有给我一丝休息的机会，只得作罢。我也已经很久没见到爸爸妈妈了，我们都是不善于表达的人，也没有很频繁地进行联系，有时打个电话还没说上几句话我就会开始嫌弃妈妈的操心和啰唆，口气也就没法再温和起来，好在妈妈已经很了解我的臭脾气，这么多年来也只有在家人面前才会这样无所顾忌，他们都已经见怪不怪，只是有时候我自己会内疚，因为我把自己最情绪化的一面都留给了我的家人。不过家是能让我感到最温暖和幸福的地方，便是不管我曾经做过多么恶劣的事情，就算当时再生气与难过，下次回家的时候，亲爱的家人们依旧会准备好你最爱吃的可口饭菜，等着你回来，就像这次一样。

回家的前几天，因为某些事情和妈妈又起了争执，和以前的小吵小闹有些不一样，这次的争吵稍许有些严重，当时我是一个人在家，和妈妈通话差不多快到一个小时了，老公回到家的时候我正对着电话那头的妈妈大声叫着一边还在号啕大哭，把老公吓了一大跳，好一顿劝才让我稍微平静了一点。其实并不是什么多大的事情，只是一跟妈妈讲话，就会不自觉地将自己调到极易暴躁的频道，一不小心就会毫无顾忌地放纵自己的烂脾气发泄一番，直到挂了电话才会感到后悔。可是这次回到家，妈妈没有提起任何关于那件事情的话题，见到我们脸上立马浮现出高兴的神情，看到女儿更是开心到不行。进屋后发现饭桌上照常摆着我们爱吃的食物，房间也已经收拾干净，换上了干净的床上用品，甚至连女儿洗澡的浴巾都重新做了准备，一切都充满了家的温馨感觉，让人感到幸福不已。

　　爸爸妈妈今年都已经到了年近花甲的年纪，不过看上去却比实际年纪要年轻很多，特别是妈妈，两个人的身体其实都不算好，都有老胃病，老爸还有严重的神经衰弱，而老妈的偏头痛也是多年的老毛病了，无法完全根治，只能吃药稳定。原本一年前，两人还在县城里做着蔬菜批发的生意，一年下来倒也还能挣上几个钱，不过就是很辛苦，爸爸每天凌晨就要起床接货、发货，一直忙到上午八九点妈妈前去接班才能回到家中休息，却又无法睡得太安稳，想必失眠的毛病就是在那时候落下的。在我毕业工作之后，我曾经很理直气壮地说我来养他们，要他们不要再忙活了。老爸听到我的话后非常的高兴，他高兴的是自己的女儿终于懂事了，不过他还是很无情地打消了我的这个念头，顺带着鄙视我那点少得可怜的工资。

　　在女儿出生以后，爸爸妈妈终于舍得放弃了那份做了很多年的生意，只是为了有时间来给我带孩子，可惜由于家里还有年迈的奶奶要照顾，妈妈就只好忍着晕车的难受坐上几个小时的车，在两地之间奔波，只是为了多看几眼外孙女，每次来一趟的晕车反应都会让她难过很久，让我看着都觉得心疼。后来，爸爸闲不住买了一台电动三轮车在农贸市场帮人运输起了货物，每天赚个零花钱，乐得其所，因为爸爸出去做事，妈妈只能结束两头跑的生活，安心在家当起了煮饭婆，平时还能有个时间去打个小麻将，日子也过得日渐清闲了起来。

　　不过当我们回到家中的那些时间，妈妈是万万不舍得去打麻将的，女儿的到来就成了她最大的乐趣。女儿经过一晚上，渐渐地和外婆熟络了起来，每天早上一起床就会跑到楼下口齿不清地呼喊着"外婆！外婆"就等着妈妈给她洗洗刷刷把屎把尿，然后带她出去买早餐看小鸟，一出门就尖叫连连，开心不已，也逗得她外婆乐得合不拢嘴。回家的这几天，女儿因为自己太调皮，摔了好几跤，因为是硬硬的大理石地板，额头上被碰得一边一个包，眼睛上还刮出了一道鲜红的印子，可把妈妈心疼死了，都是一边安抚一边自责，怪自己没有照顾好她，只有我在旁边泼冷水，只怨小丫头太不让人省心了。

在家的日子总觉得时间过得特别的快，每天睡到自然醒，起来就有香喷喷的饭菜，收拾一下自己就能吃到现成的，还不用操心女儿，因为她和外婆已经非常的亲了，一老一小玩得不亦乐乎。没事的时候便到乡下看望独居的奶奶，或者和老公上街走上一走，县城里自然不及大都市的繁华，没有高楼耸立的建筑，没有过多喧闹的车辆，没有拥堵的交通，却多了一份悠然与安静，天空看上去都蓝了许多；而在乡下奶奶家的时候，空气更是出奇地好，晚上能看到的星星比在C城多了好几倍，还可以清楚地看到一条白色的银河带，找到牛郎和织女星，最神奇的是竟然还有一只漏网的萤火虫一直在空中飞舞，不由让人感叹大自然的魅力是什么都无法比拟的。

每次回家，都能让我感到无比的轻松与惬意，父母对子女的无私的关爱和无限的包容是永远都不会改变的，即便有责怪，那也是幸福的。离家的时间越来越长，回家的机会越来越少，时间也越来越短，父母也越来越老，一窗明亮的灯火，父母的关怀，每个人都能享有的简单幸福对于我来说却是一种奢侈，多年来一个人独自在外打拼，就算拖着一身疲惫却还是要继续一个人面对，每当这个时候才真正渴望能有一个家的怀抱。尽管短暂的假期之后还是要重新回到那个熟悉又陌生的城市，不过现在的我已经不再是一个人，不需要自己独自去面对那些酸甜苦辣，我也有了属于我自己的家庭，有我的老公和我的孩子，我也会为自己的孩子建造一个属于她的港湾，让她以后在累了、倦了的时候可以停靠，我们会时刻等待着她的归来。

　　什么才叫作真正的幸福，幸福就是风尘仆仆地回到家中，享受到妈妈准备好的可口饭菜，是见到不善言辞的爸爸对自己默默的关怀，是看到长辈们和孩子一起的那种天伦之乐，是一大家子时刻存在的欢声笑语，是不管路途多远，都能回到属于自己幸福的港湾，也只有在这里，我们才能真正找到属于自己的那份安宁。

简单生活，享受平凡

从小我对自己的人生轨迹就有着一个不平凡的规划，认为自己将来肯定不是一个普通人，甚至有时还会异想天开地认为自己大有改变世界的可能，不过，在现在看来，那都是被某些电视剧或者电影里的情节给蒙骗了，才会不断幻想自己也能成为影视剧主角一样的人。可惜，越长大，就越能认清现实的残酷，才知道，想要成为救世主的愿望，应该是永远都不会实现了。

从出生到现在，我们在学校里待的时间是最长的，从小学到大学，足足跨越了16个年头，大学之前，一心想要扑进大学校园的怀抱，因为可以脱离家人的管束，奔向传说中的自由，而真正到了大学校园里的时候，却又嫌时光过得太慢，总会感觉生活枯燥无味，无比羡慕那些已经毕业在外面自力更生的人们，于是只要有可以跟外面的世界进行接触的兼职机会，无一不争先恐后，干劲十足。然而，等真正轮到自己迈入这个新世界的时候，才逐渐发现，外面的世界其实要比想象中残酷和复杂许多，相比起来，校园里的日子虽然平淡，却要更加简单与单纯，在那里，没有过多的竞争，不用面对各式各样性格古怪的客户，不需要应付老板时好时坏的情绪，更不用担心因为堵车而迟到被扣掉半天的工资……以前每当看到比自己年长的学长学姐们总在怀念自己校园生活的时候，感动非常不理解，不知道除了朋友还有什么是值得留恋的，可是当自己真实地面对这一切的时候，才体会到曾经所拥有的无忧无虑的生活是多么的美好，可惜等到明白这一切的时候那些日子早就已经不复存在了，取而代之的则变成了应接不暇的来自各方面的压力与诱惑。

曾经参加过好几次大学同学聚会，每一次见面都会发现某些同学比上一次又变化了许多，有的男生身材越来越富态，说话和处世却越来越老练；有的姑娘穿着越来越体面，笑容却变得有些敷衍；有的有了一些小成就，派头越发足了，可是距离感却也增加了；还有一些则成了奶爸奶妈，虽然三句话下来便不离家长里短、柴米油盐，但是听上去却能感觉到那种接地气的真实……

人生本就苦短，不要再给自己戴上过于沉重的枷锁，试着放下自己心中那求而不得的欲望，也暂时忘掉还未完成的工作，给自己的心灵彻底放一个假，做一件自己曾经最喜欢的事情，感受到快乐与幸福也许会变得容易很多。

不过，追求简单平凡的幸福并不是不思进取，也不是消极麻木地对待生活，而是更加积极地追求自己真正所喜欢做的事情，这样获得的快乐将会更多。我其中的一位朋友 S，就是这种生活理念的典型追随者，S 有一句座右铭："欲望越少越快乐"，在他的概念里，并不是每一个人的生活都会像影视剧主角一般精彩，而蕴藏在平淡生活中的小幸福会让人更加快乐与满足。他从不主动给自己压力，他认为工作的目的并不是得到多少报酬，而是在工作的时候能给自己带来愉悦感，所以做一份喜欢的职业会让人觉得更加充实，工作之余闲暇的时间才会更加美妙。

S 现在在一家以潮流元素为主题的时尚卖场工作，职业是设计师，每天的工作内容就是为卖场不同的活动主题设计相对应的宣传方案，无论是从配色还是图案上来说，S 都是一个非常有创意的人，所以他的作品一向口碑很好。不过，令人惊讶的是，S 并不是设计专业出身的人，在此之前他大学学习的是风马牛不相及的法学，他顺着家人的意思去参加了 C 城的交通系统招考，本来只是想着应付一下父母，没想笔试却意外合格了，还顺利通过了面试，于是他毕业后的第一份工作便成为了一名光荣的交通警察。虽然分配在后勤部门的他并不需要站在街上忍受日晒雨淋，工作内容相对也比较轻松，不过 S 并不喜欢这份工作，于是在很短的一段时间以后，他找了个理由辞职了，并自学起了设计，然后自己找起了工作，一番选择与被选后，便留在了现在的这个公司。

他曾经跟我说过很多留在这个公司的理由，比如不规定制服，可以轻松随意地穿着自己喜欢的衣裳，甚至可以踩着人字拖来上班；比如上班环境很惬意，每天都放着他喜欢的流行音乐，还有下午茶和点心供应，没事还能跑到卖场去看漂亮女孩；比如老板很年轻，总是喜欢跟他勾肩搭背聊网络游戏，和他的审美观还非常一致，比如工作时间很自由，可以自行安排工作进度，有双休，还不用经常加班；比如这家公司的人员关系很单纯，可以省下很多脑力劳动……总之，归纳起来，S在这里能让他感到自由又轻松，不会有太大的压力，工作可以忙碌，却不会占据自己的生活，张弛有度才是最好的状态，不过最重要的那条理由却是：S喜欢设计，而这家公司喜欢他的设计，就是这么简单。

当然，并不是每一个人都能做到像S那样，我一直都把他当成了自己的榜样，在世人都在宣扬和追逐成功的时候，我宁愿自己也做一个"随意随性"的普通人，没有太多缥缈的梦想，也没有太过奢侈的欲望，也不想要太过励志的人生，在平凡中简单地活着，对于我来说，化着精致的妆穿着高跟鞋去参加一个盛大的精英舞会，远远不如与朋友喝喝茶聊聊天来得更加幸福。

也许在外人看来，这样的人没有远大的理想与志向，他们从不会为自己的职场生涯制定多么华丽的目标，不过这也正是他们幸福的原因，但是前面也提起过，追求简单的幸福并不意味着放弃了原本的生活目标，相反，简单的生活方式却更加能让人保持着高度的热情，时刻充满着活力，拥有更多敢于改变的勇气。在面对诱惑的时候，试着淡然一些，尝试一下是否可以暂时停止自己追逐的脚步，把目光放回到自己心灵深处真正的精神需求上，给自己更多一点的时间面对自己，也许你会感受到不一样的平和与安定，享受到从平凡简单的生活中所拥有的幸福。

第八辑

心上的疤痕，说给岁月

在岁月的长河中，谁都曾遭受过或大或小的伤害，

雁过留声，雁声终究会被风吹散；伤过留痕，伤疤却不会被磨灭。

经过时间的洗礼再回头看看印在自己心头的疤痕，

不管曾经有多伤心难过，不管是否还能再次感到疼痛，

都已经能够坦然面对，最终成为了对过去进行缅怀的凭证。

敢于面对改变

朋友朵朵前几天突然给我用微信发过来一张她的照片,原本快及腰的长发已经被剪成了齐耳短发,下面还有她对我说的一句话:"老姐,好看吗?有没有老十岁?"朵朵比我小5岁,在当地一家电视台工作,负责台里的几个栏目,从策划到执行全都一手包办,有时候还要飞去外地出差,非常地忙碌,所以在此之前,我已经快一年都没见过她面了,每次打电话不是在节目录制现场就是在做后期剪辑,忙得一塌糊涂。

这次她突然发给我一张这样的照片,还真是让我大吃了一惊,朵朵长得大眼小脸,只不过因为经常熬夜,皮肤保养得不是太好,算不上一个真正的美女,却很有灵气,原本的长发让她看上去更温柔秀气一些,剪了短发之后,则变得更加干练了,也精神了很多,我开玩笑地回道:"不错,这个发型倒是真正符合你女汉子的形象了。"不过,我当然知道她肯定不仅仅是因为这个事情才联系我的,再一问,朵朵才告诉我,原来就在前一天,她和男朋友去民政局把结婚证给领了,为了纪念,才去剪了头发。我一头黑线,这么大的事情居然偷偷地就去办了,真是该打,于是对她一顿乱骂，直到她叫着老姐讨饶才罢休。

我和朵朵认识已经有好几年了，说起来还挺有缘分的，有一次按照约定时间去一家KTV楼下接几个朋友一起去吃消夜，等了半天还不见人，于是打电话去催问，才知道和KTV里的安保起了一点冲突，人都被扣下来了，我立马急了，把车停好便冲了上去，结果在大厅准备上楼的时候，电梯停到一楼，我几个朋友却从里面走了出来，原来和他们在一起的还有另外的几个人，把他们先想办法弄下来了，自己还在上面和保安们对质着，我一边骂他们傻瓜，一边赶紧去看情况。到了楼上便看到两个人高马大的保安把两个人堵在走廊上，其中有一个瘦小的小姑娘正在和他们理论，那个小姑娘就是朵朵，我上前问了详细情况，原来是其中一个朋友坐在大厅玩电脑的时候不小心从凳子上摔了下来，然后凳子腿就被弄坏了，KTV的保安们不但没有关心朋友的伤势，反而要他们先赔偿凳子，弄清原委后我怒火中烧，摆明就是敲诈嘛，于是我一手一个拖起他们就走，也不顾保安在后面一直跟着，到了电梯那里，由于安保也不敢真的把我们怎样，也只能堵住电梯不让我们下去，我一不做二不休干脆把另外一台电梯也堵住，这样KTV里的客人也没法使用了，不管保安怎么相劝，我们就这样一直僵持着，直到他们无奈才终于放走了我们。

出了KTV的大门，我才真正舒了一口气，其实我也没有遇到过这样的情况，心里非常地害怕，双腿都有种发抖的感觉，但是因为我比他们都大，社会经验也稍微丰富一些，所以也只能硬着头皮顶上去，出来之后我才发现自己还紧紧地拽着朵朵和另外一个男生，没有放手。与楼下等待的其他人会合后，我们一行人找了一家营业中的甜品店吃点东西顺便压压惊，朵朵一直黏着我，嘴里还喊着我是她的救命恩人，一定要认我做她姐姐，于是，这一叫就是这么多年。

从这件事情上，就能看出朵朵拥有着怎样的性格，她虽然生了一张小女生的脸，但做事风格完全就是一个真汉子，冲动却很仗义，性格更是耿直，以至于朋友们还赐给了她一个外号叫"朵爷"。也许是因为那件事情，朵朵对我非常的信赖，加上我年纪也比她大，后来她只要遇到事情都会找到我，有好吃的好玩的也总是第一时间想到我，仿佛就像我真的多了一个亲妹妹一般，感情也越来越深厚了。彼时的朵朵还是即将毕业的学生，学的是传媒系，正在一家电视台实习，真正毕业之后就直接分到了广电系统下的一家电视台，一开始从最基础的实习生做起，负责台本和策划，经常加班，如果台本没通过，还没有稿费拿，不管是从物质上还是心理上过得都非常辛苦，所以那段时间我非常心疼她，经常会到她的出租屋里看她，给她送点零食，顺便再给她做上一顿饭，改善下生活。

其实朵朵完全可以选择不过这样的生活，她不是本省人，老家在江南一带，只是在C城读大学而已。原本朵朵有一个很幸福的家庭，家境也非常殷实，父亲是一家法制出版社的负责人，另外还经营着一家其他的公司，典型的成功人士，朵朵下面还有两个比她小几岁的弟弟，母亲则没有工作专门在家照顾姐弟三人的生活。这样的生活一直持续到她上了大学，大一才开学没多久，朵朵就接到了父母离婚的消息，原来两人早已在私下达成协议，只是为了不影响她高考才暂时没有离婚，现在朵朵也成功考上了大学，父母才安心去办理了手续。朵朵非常伤心，其实她知道父母两个人早就没了感情，而父亲也有了自己的新欢，只是母亲一直陪着父亲奋斗，好不容易生活好了却只能以这样的结局收场，所以她特别心疼母亲，于是她主动要求和母亲住在一起，除了生活费之外不接受父亲的任何帮助。父母知道她的牛脾气，也只得由她去。

母亲在离婚之后就回到了自己的老家，邻省的一个县里，离C城不算远，于是朵朵在毕业后拒绝了父亲为她做好的安排，毅然留在了C城，专心致志地做起了自己的实习小妹，她对母亲说：“妈妈，我会用自己的力量来照顾你。"

俗话说，由俭入奢易，由奢入俭难。一直娇生惯养的她哪曾受过这样的苦，几个月下来，本来就不胖的身子越发瘦了下去，可是为了能在台里成功转正，真正立足下去，就只能凭着自己的毅力坚持。电视台是个竞争非常激烈的地方，为了让自己编导的部分更加出彩，她比别人花了更多的精力去研究资料，做实地考察，经常通宵加班，就只是为了更好地完善台本，而大部分的休息时间，她都待在了后期制作室里，戴着一副大大的近视眼镜整天对着机器给片子做剪辑、配字幕，导致眼镜的度数一直持续不断地上升，取掉就直接成了睁眼瞎。我看在眼里，也只能默默心疼，除了尽可能多地关心她，也没有能力再给出其他的帮助了。

付出就有收获，朵朵的努力没有白费，她成为了同一批实习生内最快转正的一个，很快台里就将其中一档栏目交给她，让她协助主编一起进行制作，因为认真负责的态度和突出的能力，栏目在当地的收视率非常好，做得很成功。台里交给朵朵的每一份答卷，她都完成得相当的好，当然这和她自己的拼命工作是分不开的，朵朵在台里的角色越来越重要，成绩越来越出色，她终于有能力可以做到曾经对母亲的承诺，为自己爱的人撑起一片蓝天。

生活中总是会发生一些让你不可预料的变化，有的好，有的坏，当遇到不好的变化时，不要只顾想到自己所受到的委屈，学会去面对这种改变，不论是怎样的境遇，世界上依然还会存在你爱的和爱你的人，生活还是会继续。有人云，逆境造就人才。并不是指只有在艰难的环境下才能成才，而是在鼓励人们要用好的心态去正视生活中需要面对的困难，不要自甘沉沦，坚定自己的意志，继续前行。就像朵朵一样，现在她已经找到了自己幸福的归宿，这个可爱的女孩，用自己的牛脾气给自己创造了不一样的未来，祝福她，明天将会更好。

残缺的人生，完整的幸福

前文中我曾经提到过，朋友小一自己经营着一家文化传媒公司，做一些展会、婚庆等这一类的现场策划，有时候遇到特别有特色或者好玩的活动或婚礼，她都会把我叫过去观摩，因为她知道我就喜欢凑这样的热闹，喜欢个性和有创意的东西。有一天又接到小一的电话，问我周末有没有兴趣去一个婚礼现场溜达溜达，正好那天没有其他安排，便答应了下来。

那天我按照她的指示提前到达了婚礼现场，婚礼地点定在一个很普通的酒店里，一进酒店大门，便能看到立在门口的一张巨型海报，海报一边是新郎新娘的婚纱照，照片上新郎身着白色的西装，戴着一副黑边眼镜，看上去很有玉树临风的感觉，而相比起来新娘就显得格外的娇小，圆圆的娃娃脸上挂着甜甜的笑容，嘴角还有两个活泼的梨涡，分外可爱。而更加吸引到我的则是海报的另一边，上面写满了大大小小、五颜六色的汉字，还贴上了很多心形的便利贴，上面也是密密麻麻的文字，走近仔细一看，原来都是朋友们送给这对新人的各种祝福，上面还有他们各自的签名，这面饱含着真情的海报一下子就让现场的气氛变得温馨浪漫起来。

我找到小一，一边和她闲聊一边给她搭把手帮个小忙，时间很快就过去了，转眼就到了新娘要入场的时间。中午11点38分，婚礼正式开始了，小一要音响师放起了熟悉的婚礼进行曲，这时我看到海报上的那对新人沿着已经布置好的红地毯，穿过一扇扇由鲜花做成的拱门，在飞舞飘扬的彩带雨中缓缓走向宴会厅的主持台，两位新人旁边还有一位和他们年纪相仿的年轻小伙子，走在新人的旁边时不时地向他们打着手势，似乎正在指挥着他们一样。这个时候我才发现这场婚礼似乎有些不同，我惊讶地看向站在我身旁的小一，小一脸上挂起了我熟悉的坏笑，朝我点了点头，证实了我的猜想。原来这对新人都是聋哑人，因为听不到音乐声和主持人互动的声音，所以才会请朋友在旁边指挥，避免出错，并且在此之前，为了这场婚礼能顺利举行，他们已经排练了很多遍，而门口那布满祝福语的海报，也是在用一种他们能感受到的方式向他们表达了祝贺，既能体现朋友们的心意，又能让新人们永远珍藏，一举两得。

　　两位新人站在主持台上，台上的司仪在主持的同时，走在新人身边的那位年轻人就在边上同时打着手语，做起了同期翻译，因为除了新人之外，现场还坐了大约两桌的聋哑朋友，当司仪宣布让新郎给新娘戴上戒指的时候，现场响起了声声彩炮声和朋友们的喝彩声，他们的聋哑朋友们也都站立了起来，用手比画着、欢快地笑着，无声地表达着对新人的祝福，而新郎新娘虽然听不到现场美妙的歌声和朋友们的道贺，但是他们同样无声地对视着，两个人的眼里都充满了浓浓的爱意。此时的婚礼现场就像一部旧时的无声默片，新郎新娘就是电影中的主角，演绎着这份安静的爱情。当新郎新娘用手语向彼此打出了"我爱你"时，大家都安静了下来，很多人眼里都含满了泪水，默默地注视着台上的这对璧人。

婚礼结束之后，我还沉醉在那份感动中不能自拔，最后我也在门口的海报上写上了自己对他们的祝福，虽然他们不认识我，但是他们一定会感受到我的那份真诚。回去的路上，小一跟我讲了事情的始末，两个多月前，这对新人找到了她，希望小一能够帮他们策划这场婚礼，由于是聋哑人，也没有太多的资金，所以他们找了很多地方都遭到了婉拒。小一是个热心肠的人，也被这对新人所感动了，于是她接了下来，由于是聋哑人，在策划过程中，沟通起来也比较困难，加上两人家庭条件都很一般，就必须用最少的投入达到最好的效果，后来小一干脆把费用抛在了脑后，一心一意帮他们承办起了这场婚礼，最后算下来小一不但没有赚到钱，还自掏腰包给他们封了个红包，不过她说能认识这样一对幸福的人儿，很值得，希望他们能一直幸福快乐地生活下去。

说到这里，我想起了另外一对特殊的夫妻，我公婆家住在一栋楼的二楼，在他们楼下是一个小小的麻将馆，麻将馆的主人也是一对残疾夫妻，夫妻俩现在都已经五十多岁了，女主人姓罗，我们都叫她罗姨，罗姨小时候因为小儿麻痹症，一只腿严重萎缩，所以现在只能靠着拐杖行走，罗姨的老公只有一只眼睛能看见，而且视力还不是很好，两个人现在都没有工作，就在自己家里摆上了几张麻将机，让街坊邻居凑着打上几圈小麻将，收上几个茶水费，因为收费便宜加上罗姨的随和，生意一直都不错，一个月下来也有不少的收入。罗姨虽然腿脚不方便，人却很麻利，我曾经也带过朋友在她家玩过，罗姨就在家给我们添茶倒水，干净利落仿佛就和普通人一样。

和罗姨比起来，她老公就内向得多，每天在家就只是默默地做着自己的事情，烧烧水，洗洗茶杯，一天都难得说上两句话，所以相对来说我们就和女主人罗姨要更熟悉一些，婆婆说，在这里住了这么多年，几乎没有见过夫妻俩红过脸，两个人一直以来都是罗姨主外，罗叔叔主内，配合得很是默契。虽然两个人的身体都有残缺，他们却有一个健康的儿子，儿子在去年已经结了婚，和他们住在一起，罗姨特意将房子重新装修了一下，减少了一台麻将机，给儿子腾出了一间作为新房，就在今年，孙子也出世了，是个大胖小子，我见到过几次，一头漆黑的头发让人印象非常深刻，虎头虎脑煞是可爱。现在他们一家五口依然住在那个不算大的房子里，有时罗姨儿子会和老婆一起推着宝宝出去散步，老婆总是静静地挨在自己老公身边，揪着他的衣服，小三口慢慢走着，很是温馨。尽管家庭条件不是很优越，可是每次见到他们，不管是谁，脸上都总是挂着亲切的微笑，热情地和我打着招呼，很是开朗。

每次去看望公婆的时候，总是会路过罗姨的家门口，因为是麻将馆，所以门总是敞开着，而客厅因为已经放上了两台麻将机，所以到了吃饭时间便直接将一个方形桌面放到其中一台的上面，麻将机便瞬间变成了一张桌子，便可以用来放置饭菜了，有时看到他们一家人围坐在一起用餐的样子，竟然让我有了一种"淡然尘世"的感觉，仿佛这个世界上的一切都不再重要，只要能和家人一直这样下去，所有其他的东西都无所谓了。

无论是婚礼上的那对聋哑新人，还是罗姨一家人，都会让我有一种强烈的感动，我也不知道自己为什么会有这样的感觉，也许是因为他们之间那种和谐的景象打动了我。有人会说他们是因为生活所逼才会这样在一起，可是，来自于他们之间的那种淡定与坦然，是真正发自于内心，因为真实所以毫不做作，因为自然所以美丽。

对于他们来说，老天也许不是公平的，因为给了他们一个残缺的人生，但是他们又是幸福的，因为在他们的身边，并没有看轻与歧视，只有祝福与鼓励，尽管身体残缺，他们没有自暴自弃，而是保持一份乐观开朗的心态，在生活中不懈地努力，终于让自己拥有了一个完整的幸福。在这个世界上，幸福永远是最公平的，不管你是什么样的人，都有追求幸福的权利，只要坚持，永不放弃自己，总会收获到属于自己的那份幸福。

生命中不能承受之重

每个星期的周六，C城都会在江边燃放焰火，因为不想外出看人头凑热闹，便继续宅在家，想到了最近发生的一些事情。

最近不止一个好友找我倾诉，都不是一些平安的消息，要么亲人病重，要么自己遇到了生命中难以面对的事情，人的一生要经历太多事情。好的，坏的，无关紧要的，刻骨铭心的。就是这些看似重要或不重要的大小事组成了人生。人可以变得坚强，却也要面对生命的脆弱，当无能为力的时候，能让你选择的只有放弃或者微笑面对。

朋友慧慧的运气似乎一直都不太好，刚认识她的时候我以为她就是个没心没肺的小丫头，后来才晓得那只是她的表象而已，她单纯、敏感、重视朋友，即便有什么不开心也总是放在心里，表面上还是嘻嘻哈哈傻大姐的模样，只不过对她越发了解以后，她越是这样反而越让人心疼。

慧慧第一次在我面前暴露出自己软弱的一面是在我们的一次旅途中，除了我们俩，还有另外一位要好的男性朋友，那时我还未婚，趁着假期一行三人跑到了南边很负盛名的一个小镇，每天睡到自然醒然后出去溜达，过得很是悠闲。小镇上有一条街，是以布满了各种酒吧而闻名的，每一间酒吧都有自己的特色与卖点，到这里的第二天，因为不想再闲逛，但是又不想回去睡觉，我们便找到了一个以乐队为主题的酒吧，用来打发晚上的时间。

那天晚上，慧慧一直都很高兴，因为她是一个狂热的音乐爱好者，唱歌也非常的好听，酒吧里驻场的乐队便是这里的三位老板，主唱大家都叫他老马，老马是个三十多岁的男人，个子很高，也很壮硕，虽然头发有些长，但一点都不显得猥琐，反而还给他平添了一些特别的感觉，看上去是那种有故事的人。老马喜欢唱许巍的歌，慧慧特别的喜欢，一直在台下给他狂热地加油鼓掌，后来老马注意到了我们这一桌，等唱完之后便过来和我们聊起了天，还免费送了几杯酒给我们，这种情况在这里其实很常见，因为竞争激烈，酒吧老板们总是会用各种方式留住客人，让自己有更好的口碑，所以我们欣然接受，那一晚也过得很愉快。

回到旅馆后，可能是因为酒精的缘故，慧慧还没从兴奋状态中脱离出来，一直嚷嚷着老马唱歌真好听，下次还要去，她那一副小粉丝的样子，被我和朋友好一顿取笑。在回程的前一天晚上，我们如了慧慧的所愿，再次来到了老马的酒吧，可是，这次却发生了一些不甚愉快的事情。慧慧依然一副花痴的小粉丝样，因为酒吧本来就不大，加上又是回头客，老马似乎对我们印象很深，所以当晚又给我们送了一些酒。在乐队表演结束后，慧慧说要去一下洗手间，可是这一去却好久没见回来，一开始我们以为是不是喝醉倒在厕所里了，便去卫生间找了一圈，也没见到人，打电话也不接，我们才真正担心起来，在酒吧里里外外找了个遍，都没看到人影。一直以为这个酒吧只有两层，直到我们到了二楼后才发现，原来还有一个通往天台的楼梯，我似乎预感到什么，赶紧和朋友顺着楼梯走了上去，一出门便看到两个正在拉扯的人影，走近发现果然是老马和慧慧，朋友赶紧上前把老马推开，然后拉起慧慧便跑下了楼，离开了那个鬼地方。回到旅馆之后，我们才弄清了事情原委，原来老马看到落单的慧慧，便邀请她一起到天台坐一坐，慧慧以为天台也和酒吧的一二楼一样，便傻乎乎地跟了上去，结果到了天台没说上几句话老马便对她动手动脚起来，他的力气很大，慧慧一时之间也无法逃脱，只能拼命反抗，才没被他占了便宜，手机也不知在什么时候被调成了静音，没有听到我们的电话，直到我们上楼，才替她解了围。

我一边骂着老马人面兽心，一边责怪慧慧没脑子，怎么可以随便跟着陌生人走，慧慧一副犯错的小孩样，低着头任我责骂，到最后干脆抱着我的手臂嘻嘻哈哈撒起娇来，我见她心情似乎没有受什么影响，便放心了。第二天我们按照原定计划回到了C城，一切都恢复到从前的生活，酒吧事件也渐渐被我抛在了脑后，可是，大概一个星期之后，慧慧打来了电话，我才拿起来电话便听到她在电话那头拼命大哭,一边哭一边叫着我的名字,听声音似乎喝了不少酒,我赶紧问清她的位置,赶到了她家。原来慧慧其实还是很在乎那件事情的,只是怕我们担心,才保持一副无所谓的样子,其实心里比谁都后怕,加上从没有过与异性接触的经验,事情的发生给她造成的心理阴影比我们想象中要大了许多,加上这次回家以后,自己的父亲被检查出患了肺癌已到晚期,一时之间所有的情绪一下全涌了上来,才会有我接到电话时的情形。

慧慧非常孝顺她的父母,她小时候生下来就发现身体上有一些小问题,当时家里的经济条件并不是太好,要治好她会给家里造成非常大的负担,甚至有亲属还劝她父母把她送人,重新再生一个,父母没有听他们的意见,倾其所有带她治好了病,也再没有生育其他的孩子,一直对慧慧非常地疼爱。

慧慧对她的父母除了爱之外,加上这份特殊的感激。一直以来对他们都非常地好,这次听到父亲病重的消息,难过程度可想而知,可惜我也只能陪着一起难过,却无奈,一直不懂如何安慰,也知道安慰只是徒劳,能做的,只是默默陪伴尽力帮助。

慧慧父亲是个很容易悲观的人,为了不让他多想,家人们向他隐瞒了病情,只告诉他是肺部出了一点小问题,需要住院治疗,医生告诉慧慧父亲的病情已经很严重了,即便手术成功也可能生存不了多久,而且还会增加病人的痛苦,慧慧和母亲商量后,决定不做手术,把父亲转到了一家中医院,中西医结合做保守治疗,只要父亲的身体状况稍微好一些,就带着他到C城到处游玩,因为父亲曾说过在C城生活了这么久,还有很多地方都没有去过,慧慧想要满足他的这个心愿。

可惜，父亲还是没逃过病魔的魔爪，3个月后，在医院离开了人世，离开了自己可爱的女儿慧慧。按照父亲的遗愿，家里没有给他操办追悼会，只是几个亲友到场，一起在火化的地方送别了他，当我听到消息赶到的时候，慧慧正在包裹父亲的骨灰盒，脸上还挂着泪痕，她母亲坐在一旁的凳子上，已经哭到全身都没了力气，由人搀扶着。

陪她一起安顿好父亲以后，慧慧一直站在骨灰台前低着头看着父亲的灵位，不知道究竟在想些什么，我一度很担心慧慧会撑不下去，但是又不知该如何去开解她，突然慧慧抬起头，仿佛知道我在想什么一样，开口对我说："Y姐，不用担心我，放心吧，妈妈还等着我照顾呢。"看着慧慧那清澈又坚定的眼神，我知道她能做到的。

从不快乐中寻找快乐需要更多的勇气。被压垮再站起来将会需要更大的力量，所以当人们从电视或报纸上看到一些坚强面对苦难人生的事例，总是会感动，然后感叹自己遇到同样的天灾人祸肯定会逃避而不知如何面对。

可是他们忘了，这些人之所以能面对，是因为他们身上那无法逃避的责任，因为责任所以要更加坚强地活着。

也许，人活着有些并不是真正地为了自己，而是为父母而活，为子女而活，如此这般周而复始无限循环，哪怕就算是因为责任、义务、道德或者期望，哪怕压力大到有时也会让人喘不过气来，却还是没有停下自己的脚步，因为这份责任背负着自己对亲人的爱、对爱人的情，前行的过程中脚步是艰难还是轻松，只有自己知道。

哪怕脚下的路再难走，也不要轻易地舍弃现在，舍弃希望，有多少责任和真情，就有多少的牵挂与不舍。有多少付出，就有多少的关怀与温暖。生活本就不单单只有美好，不经历生命的脆弱，又怎能知道生命的珍贵，生命中有太多看似不能承受的沉重，让人感到不轻松，但请一定记得，要加倍努力让自己更加快乐。

心怀感恩

　　长假之后，我又回到了 C 城，重新投入到了工作中去，也许是因为假期才结束，反而没有太多的工作，加上还有些许的假期综合征，连续几天坐在办公室里都感觉无所事事，因为平日里也没有看电视的习惯，对外界的了解基本都依靠网络，反正无聊，便去各大网站翻阅新发生的各种新闻。四处点击闲逛了一会儿，并没有很值得关注的事件，无非就是在总结长假期间发生的一些事情，又产生了多少经济效益，滞留了多少旅客，景区给出怎样的处理方式等这些，一路看下来反而更加无趣了，正准备关掉网页的时候，突然在社会板块发现了一个小小的标题——《养育之恩大于天：因嫌家贫养女狠心抛弃养父母离去》。一向对社会伦理感兴趣的我点开了它。

　　正文不长，大概内容标题中已经总结得很清楚，说的是一位 16 岁的小姑娘从小被亲生父母抛弃，被养父母收留，养父是环卫工人，养母则靠摆地摊赚些生活费，除她之外，养父母自己还有一个亲生的女儿，比养女大 4 岁，但是养父母从没有一丝偏心，一直对她视如己出，也从没有告诉养女关于她的身世，直到今年她的亲生父母寻了回来晓得了这一切。亲生父母的家境其实一直都不错，对于当年抛弃女儿的原因，他们给出的解释是因为工作不允许他们养育两个孩子，为了确保女儿不遇到危险，他们是看到养父母将她抱进屋才离开的，所以对于自己女儿的去处，他们一直都很清楚。生母一直都很想念女儿，多年来一直想找机会把她接回去，但是因为各种因素始终没有实现，直到今年总算有了如愿的机会。

　　小姑娘一开始对自己亲生父母的出现很抗拒，毕竟不管什么原因都不能成为可以被抛弃的理由，然而当亲生父母对她提出了很多物质上的承诺时，小姑娘竟然毫不犹豫地答应跟着亲生父母回家了，对养父母家没有一丝留恋，毕竟这么多年的养育之恩，养父母非常不舍，但是想到女儿回到自己的家生活肯定会更好一些，只能忍痛割爱，可是在养母控制不住对女儿进行挽留的时候，女儿竟然说："你们这么穷，给不了我好日子，我不要再跟你们住在一起了！"养母顿时伤心欲绝，哭得差点背过气去。后来，作为补偿，亲生父母给了养父母20万元，作为这么多年对孩子的抚养费，后来有记者采访到养父母的时候，养父说："只能怪自己能力不够，留不住她，这样真有一种卖女儿的感觉。"

看完这篇报道，我不由陷入了沉思当中，其实对于他们之间孰是孰非，还真没办法给出一个很肯定的评判，当然生父母一开始的不负责任肯定是不应该的，可是长大后，知晓自己身世的女儿当然也有权利为自己的人生做出选择，我除了对她的不懂事和冷漠表示痛心之外，也没法再给予她其他的责怪，这件事情当中伤害最大的无疑就是养父母，可怜被自己一直当成亲生养育了这么多年的女儿，就这样离开，无论是从生理还是心理上所造成的伤害，短期之内都是无法愈合的，唯有等待时间来抚平他们的创伤了。

我突然又想到在我小的时候，因为父母没在身边，奶奶家村子里的一些人总是喜欢用一些玩笑来逗我，比如说我是奶奶捡回来的，不是妈妈亲生的，有时奶奶也会在边上笑着附和，说要把我送回亲妈妈身边去。我知道他们都是善意的，但是奶奶和他们都没想到，这样的话对我小时候造成了多大的影响，我全都信以为真，甚至有一段时间害怕奶奶要送走我，每天都担心得不行，连做梦都在哭着求奶奶不要丢弃我，现在想想还真是天真得可爱，但是这也从另一个角度体现了就算我是收养的，我对奶奶的感情始终还是无可取代，所以不管是对于上面想"赎回"自己女儿的亲生父母，还是为了更好的生活条件而抛弃十多年养育亲情的女儿，我都是非常反感的。

其实，我身边有一位朋友小罗和报道中小姑娘的身世很相似，都是幼时被父母遗弃，然后被养父母收养，小罗比那个女孩儿要大 10 岁左右，不同的是小罗从小就知道自己的身世情况，养父母有了她之后便没有生育自己的小孩，专心致志地对她进行抚养。养父母曾经告诉小罗，如果她想寻找自己的亲生父母，他们会给她支持和帮助，想回到生母身边他们也不会反对，只是希望有时间小罗能回来看看他们就好。小罗很干脆地拒绝了养父母的提议，她表示养父母就是自己的亲生父母，她只有一个爸爸和妈妈，不管以后有没有机会见到自己真正的亲生父母，这个事实都不会改变。

对于养父母，小罗无疑是非常感激的，从小他们一家住在一个小小的弄堂里，周边都是熟识很多年的邻居，大家基本上都知道小罗是捡来的女儿，不过养父母也没有刻意隐瞒她的身世，仿佛从她懂事开始就已经知道了这个事实，不过在她的概念里，有着养育之恩的才是真正的父母，也是唯一的。

可是世事难料，小罗一直认为自己亲生父母不会来找自己，结果就在今年上半年，几个号称是她亲生姐弟的人找到了她家，说是家里条件现在越来越好了，小罗的亲生父母很想念这个被他们抛弃的女儿，想要见她，才特意叫他们几个来联系小罗。借着这个机会，小罗弄清了当年的事实，生父母家住在C城区域内的农村，已经生了两个女儿的他们一心想要一个儿子，于是怀起了第三胎，结果又是一个女儿，就是小罗，因为是女儿所以肯定还会有下一胎，家里的条件实在不允许再多养一个丫头片子，于是夫妻两人便委托一个熟人将小罗遗弃了，不过熟人留了个心眼，事后到丢弃地点找人打听到了收养小罗的那个家庭，所以现在她的姐弟们才能如此顺利地找到她。

小罗告诉我这些事情的时候，我曾经问过她恨不恨自己的亲生父母，她说："其实对于自己的亲生父母，我也曾经想过，如果以后他们来找我我是绝对不会去理会他们的,可是当自己真正遇到这一天,才发现那些所谓的恨都不重要了,取而代之的是一种平静,也许是因为养父母对我太好,让我抛弃了自己内心的阴暗,我很谢谢他们当年留下我,把我教育得这么好。"后来,小罗还是回去看望了自己的亲生父母,不是因为别的原因,只是因为养父母劝她,虽然是他们养育了小罗,但是生育之恩也是不可磨灭,这是一种天生的责任,小罗有义务回去看望他们。小罗的养父母其实只是两个普通的工厂工人,却能这样深明大义实属难得,也许正是有两个这样明事理的父母,才会有今天这么懂事的小罗。俗话说,百善孝为先,养育之恩大于天。小罗虽然已经不再在意自己的亲生父母给自己带来过多大的伤害,但是她知道,如果自己不够坚定,含辛茹苦养育自己二十多年的养父母将会受到更大的伤害,无法弥补。

  每个家庭都有属于自己的小秘密,有些是快乐的,有些却是无法触碰的伤痛,当需要直面这些伤痛的时候,无疑又是重新揭起了表面上已经愈合的伤疤,还有可能造成第二次伤害。曾经发生过的一切都已经无法改变,也不可能再重新来过,生长在怎样的家庭也不是自己能选择的事情,这个时候我们唯一能做的只有感恩,拥有感恩的心才能让真情得到回报,还能帮助自己慢慢摆脱曾经的阴影,更好地迎接未来的生活。

把伤痕当酒窝

有些时候我们也不免关注一些负面新闻，比如某女子因为感情受到伤害自杀未遂，或者某职员遭受到事业的挫折选择了轻生，结束了自己年轻的生命。这真是一个沉重的话题，让作为旁观者的我心里也沉甸甸的，我一直认为活着才是最美好的事情，无论遇到多么恶劣的环境和伤痛。人的第一反应就是一定要活着，求生欲望才是人最大的欲望，没有几个人能真正坦然地面对死亡，哪怕活着会更加辛苦。所以对于那些坚定选择死亡的人，只会心痛和惋惜。

人的一生是不可能永远一帆风顺的，总会遭遇各种各样的伤痛，面对来自不同的伤害，可以说，人的每一点成长都是在挫折中获得的，所以才会有那么多抒发伤痛情绪的音乐作品。一个朋友就曾经在失恋后，说过这样一句话："如果知道长大的代价如此之大，我宁愿永远做一个不懂事的孩子，至少不会感觉到痛。"听起来似乎有些矫情，却说得不轻松。

我总是习惯在夜里想起自己曾经走过的路，有笑，也有泪；有甜，也有涩。只不过我发现有些让自己快乐的事情可能已经记不太清，但是曾经有过的伤心与难过，即便偶然想起，那些细节都还历历在目，仿佛就发生在昨天，原来这些伤痛自己一直都没有忘记，只是被放在了心中最角落的地方埋藏了起来。只不过，这些曾经的刻骨铭心再次被挖起的时候，已经再也无法让我感到疼痛，我甚至可以在好友面前毫不掩饰地自嘲自己曾经遇到过的某些小坎坷，这证明那些伤早就已经痊愈，即便还留下了疤痕，那也只是代表着对青春的感叹与唏嘘。

我就认识这么一位把伤痕当酒窝的女人，我称她美姨。美姨是我母亲的表姐，年轻时真的很美，用我妈妈的话说，当年给美姨提亲的人比一个排的人还要多，数不过来。哪怕她如今已年近花甲，却还是不能掩盖她当初的风采，美姨经营着一家小小的私家菜馆，真的很小，小到房子里只能摆上四张小方桌，便没了其他多余的地方，不过菜馆里的菜品都是美姨亲自下厨为客人做的，一天下来也就只接待定量多的顾客，美姨的手艺非常好，为了吃到美姨的佳肴，菜馆里的预订已经排到了几个月之后了。不过就算已经提前预订，也不一定能享到口福，都说顾客是上帝，可是美姨从来都不把她的"上帝"们放在眼里，她经常心血来潮突然收拾好行李，约上自己的几个老伙伴出去云游四方，短则几天，长则十天半个月，行踪飘忽不定，真可谓潇洒至极。

似乎从我记事开始，就会听到家族里的各种亲戚们谈论关于美姨的事情，前面说过当年向美姨提亲的人很多，可惜美姨一个都看不上，最终抱得美人归的是一个从城里下乡到当地的一个小知青。在 70 年代，人们对文化青年都有着一种特别的崇拜，美姨也不例外，所以才会对自己的爱人情有独钟，即便知道他有回城的可能也在所不惜。可是，虽然美姨心爱的爱人没有抛弃她独自返城，却在一次抗洪救灾中被激流冲走，连尸骨都没有找到。悲剧发生之后的头几天，美姨始终不愿意接受这个事实，活要见人，死要见尸，总感觉有一天自己的爱人会回来，连刚出生不久嗷嗷待哺的孩子都置之不顾，每天都不顾危险跑到河堤上等着，最后她母亲没办法，抱着孩子找到美姨，狠狠地扇了她一耳光，狠狠地骂醒了她。醒悟之后的美姨接受了现实，看着自己的孩子，和母亲抱头痛哭，自责不已。

美姨年轻就守了寡，虽然还带着个拖油瓶，但是还是有很多人愿意接受母子俩，只是都被美姨拒绝了，美姨一边带着孩子一边干活，虽然有母亲的帮助，但是日子还是过得很清苦。直到后来她爱人的家属找到了母子俩，把他们以烈士家属的名义接到了城里，日子才逐渐好过了起来。不论是为爱人还是为她自己，美姨心里始终有一个文艺青年的梦，所以，让孩子好好读书是她最大的心愿，所以到了城里之后美姨最高兴的是儿子终于能受到良好的教育了。

儿子很争气，一直以来都没让美姨操过什么心，当美姨在为儿子终于顺利考上大学而大舒一口气的时候，却传来了另一个噩耗，也许是天妒红颜，美姨被检查出患了乳腺癌，好在发现得早，还有治愈的可能。那时儿子已经到学校报了到，为了不影响儿子的心情，让他专心学习，美姨向家人要求，不能告诉儿子关于她的病情。由于公婆年事已高，自己的母亲也早已在几年前去世，美姨在治疗的过程中除了我母亲偶尔陪伴之外，基本上都是一个人。不知道是天生豁达，还是因为已经看透生死，美姨的心态出乎意料地好，也很配合医院的治疗，美姨住院的时候我曾经去看过她，从她脸上甚至都看不出一丝身患重病的消极与沮丧，依旧挂着灿烂的笑容，开心地和我打着招呼。

幸运的是因为是早期，美姨不用做痛苦的化疗，为了不让癌细胞继续扩散，医生建议做单侧乳房全切手术，大家应该都明白，对于女人来说这个手术意味着什么，不过美姨并没有纠结多久，便同意了医生的决定。手术很成功，只要以后按时来做康复治疗和定期复查，保持健康的心态应该没有多大问题，美姨很高兴，她表示，虽然损失了一些漂亮，却获得了更多健康的机会，何乐而不为呢。

经历过这一生死劫难之后，美姨似乎比以前更加豁达了，重获新生的美姨迫不及待地拥抱自己的美好生活，她开始积极享受自己的人生，她告诉我们，其实在第一次听到"癌症"这个词的时候，她心里并不像我们看到的那么镇定，就像当年爱人离去时一样，万念俱灰，可是看到公婆在她面前还要故意强作欢颜，想到自己准备重蹈覆辙自暴自弃，她对自己感到了深深的失望，只有自己能够面对了，才能给家人们吃上定心丸，她终于明白，一道坎儿能不能跨过去只有试过才知道，直面它才会有战胜它的机会，不管是为了自己还是家人，她都不能轻易选择放弃，她做到了。

人世间拥有的变数实在难以预料，突然到你根本来不及准备就已经发生，通常人们在面对这些突如其来的遭遇时，总是会惊慌失措，甚至不愿面对现实，有时候软弱是人的本能，可是在需要你选择坚强的时候，你必须有足够的动力和勇气去面对，那些在遇到打击选择逃避与放弃的人，都是些不够勇敢的胆小鬼，想想关心自己的人，只要熬过最疼痛的时刻，经过磨难的洗礼之后，反而能更透彻地理解生命、享受生命，当一个人能真正地做到把伤痕当酒窝，那便是极好的心态了。

第九辑

说给自己听，温暖此生

从小便有记载日记的习惯，记录自己每一步的人生，
重新翻阅，却发现人生其实就是由一次又一次的经历而组成，
而每一次的经历都能带给我不同的感触；
曾经还有记录自己心声的习惯，有的是书中的文字，
有的是不经意间看到的一些文字，
还有的甚至只是别人无意间说出来的一句话而已，
害怕遗忘所以记录，在记录的那一瞬间带给我的是不一样的触动。

放大喜欢的，缩小厌烦的

我有一个非常要好的男性朋友小马，小马是我在工作之后认识的，当时作为职场新人的我奉领导命令接待一批远道而来的客人，那是我单独接待的第一批客户，一直到火车站去接人的时候，心还紧张得"扑通、扑通"跳得飞快。等客人真正到站之后，才让我的心稍微落了下来，他们是一家三口，因为儿子龙龙考上了 C 城的大学，所以双亲亲自护送他到学校报到，我接到他们的同时，才发现站在一个高高瘦瘦的年轻小伙身旁的另一个小姑娘也是在等着他们这一家子的，原来他们是龙龙的表哥和堂姐，都是上了一个大学，而龙龙和他们从小关系就不错，也和他们选择了同样的学校，那位小伙子就是小马，和我同岁，但是由于我读书早，所以我已经毕业了，而他才刚上大三。

我的任务就是陪同他们报到完之后，再带着他们到省内比较近的景点转上一转，因为队伍中有了同龄人的关系，我放松了许多，叔叔阿姨性格非常和蔼，还有龙龙这个大活宝，再加上很会照顾人的小马和实际只比龙龙大了几个月的可爱堂姐欢欢，一行人相处得非常融洽，几天行程下来，感情也越来越深厚，阿姨还非要我做她干女儿，还很正经地以茶代酒来了个拜干妈仪式，欢声笑语好不开心。就在叔叔阿姨准备返程的那天，我不小心扭了脚，脚踝肿起老高，阿姨心疼不已，一定要亲自拿药给我揉，把我羞成了一个大红脸，我忍着脚痛一瘸一拐地把他们送到了车站，等叔叔阿姨真正要走的时候，我才感到非常地不舍，在火车站哭成了一个大泪人儿，让龙龙取笑了我好久。送走他们之后，因为脚有伤，公司派来的车因为临时有事又被调了回去，于是小马和龙龙打车把我送回了家，虽然我们之间的认识只是因为我的一趟公事，可是建立起来的情谊却是诚挚的。

后来，只要有空我们都会互相看望对方，我去给龙龙的篮球比赛当过啦啦队，在欢欢跑200米的运动会上给她加过油，还参加过他们学校的文艺晚会，在小马登台弹吉他唱歌的时候，还客串小粉丝上台献了花，为了不让我宅在家里，他们也经常在周末跑来拖我出去爬山游公园，在我遇到低谷的时候，他们也经常在我身边陪着我，开导我，直到我重新找回快乐，现在想想，那段时间应该是我们最开心的日子了。

很快，小马毕业了，他学的是法律专业，毕业后原本是打算直接留在C城，可惜由于没能通过司法考试，被他父母召回了家乡，一边上班一边准备报考公务员，我们都知道这次回去就不知道什么时间才能见面了。回家之后的小马日子过得并不是太顺利，第一次的公务员考试也还是以失败而告终，祸不单行，连新处的女朋友都在准备谈婚论嫁的时候分手了，那段时间他网上和我聊天时的只言片语，也在不停地表达自己对未来的茫然，用他的话说就是找不到自己要走的路了。

我很清楚人在遭遇低潮期的时候，会出现很多消极反应，不过我也知道小马不会轻易放弃，他表达出的这些悲观情绪其实是对自己现状的一种发泄，我曾经打电话给干妈想从侧面了解小马的真实情况，得到的都是小马在专心准备下一次考试的消息。看来牢骚要发，事情还是在继续做。小马很懂事，尽管过程很艰苦，但是他还是会坚持不懈尽自己最大的努力去做自己认定的事情，直到成功为止。

在他准备第二次公务员考试的前一段日子，有天他突然发来一条短信，要我跟他说几句话，让他能开心一些，以前我总是不定期地发一些笑话过去，调节他的心情，而这条短信我隔了很久才进行了回复，回复内容只有一句话：放大喜欢的，缩小厌烦的。

我想表达的意思其实很简单，在我们的生活当中，喜欢和厌烦是两个对立的东西，每个人都会遇到自己喜欢的和讨厌的事情，这是无法改变的事实。如果幸运，会多一些喜欢，少一些厌烦；反之，就会遇到更多的厌烦，少一些喜欢。但是，这两种事情降临到你身上的比例是如何的，我们永远无法自己进行选择。既然是这样，我希望小马能学会用另外一种方式调节自己，假装自己有两面带着魔法的镜子，一面放大，一面可以缩小，在遇到困境的时候，就选择使用缩小镜，把坏情绪降到最低；在遇到让自己开心的事情时，就用放大镜把快乐放大无数倍，这样就能让自己的生活充满更多的阳光，少一些阴霾。

小马没有再回复我那条短信，不过第二天，我看到他新更新的签名上写了这句话：放大喜欢的，缩小厌烦的。我想他应该懂得了其中的含义。我赶在考试前给他寄去了一支钢笔，然后告诉他这是支能带给他幸运的笔，用它答试卷子肯定逢考必过，当然这只是一种心理安慰，可是这不也是放大快乐的一种方式吗？

考试之后，小马很长一段时间都没有出现，直到出成绩的那天，我接到了他的电话，尽管他已经刻意保持平静，但是我还是从他的声音中听出了他的激动，他一直是一个看上去很淡定的人，这样失态的小马我还是第一次面对，他告诉我的自然是好消息，他说谢谢我送他的幸运钢笔。其实我想说的是，幸运其实是他自己带给自己的，也是他自己跳出了迷途中的困境，我想经历了这段低潮，以后遇到任何事情他都能更坦然地面对了吧。

值得一提的是，自从小马成功通过考试之后，他的人生道路变得越发顺畅起来，工作顺利，还重新收获了爱情，前文曾经提到在他最低谷的时候和女友分手，后来我才知道其实是因为那段时间的不顺，严重地影响了小马的情绪，找不到发泄点的他把暴躁和焦虑带到了和女友相处的时间里，导致两人经常因为一点小事而闹得不愉快，才最终导致女友的离开。小马很后悔，却没有信心追回他，后来看到我的那句话，他想了很多，作为一个男人因为一点小挫折，就无法把握好自己的心态，说起来还真是惭愧，于是他重新去找了女友，把他心里所想的一股脑都告诉了女友，说完之后心里异常痛快。女友是个好女孩，原本在小马低迷的时候，她就一直在身边鼓励着他，两人感情很好，她很干脆地接受了小马的道歉，但是作为和好的条件，她要求小马以后有什么情绪一定要及时抒发出来，而不是憋在心里，反而会造成更加严重的后果，小马当然答应了下来。他告诉我，追回女友的那一刻，才感觉那些不顺什么的都成了浮云，消散在了空中。就在两年前，他们在家乡举行了很隆重的婚礼，可惜我没能亲自到场送上我的祝福，不过，我想他收到我送的幸运礼物，也会非常开心的。

不要因为挫折就遗忘了原本对自己更重要的东西，在这个世界上，能拥有健康的身体和头脑，本来就已经是一笔很大的财富了，这就是我们已经拥有的快乐基数，有了这样的财富积累和基础，在面对其他挑战的时候又有什么好担忧的呢，也许会有几次失败，就把它当作人生路上必须战胜的敌人吧，在面对它们的时候，要试着站在它的对立面，和它来一次真正的正面交锋，你越勇敢，敌人就越软弱，当你真正战胜它的那一刻起，也许会发现，从前那些让你感到无法承受的苦痛与坎坷，也只不过是生活中一时的不顺而已，熬过了，就赢了。

人们在遭遇到不幸的时候，总是会不自觉地强调自己的痛苦面，放大让自己感到不快乐的因素，从而忽略了去感受其实一直存在着的美好，忘记了还存在着自己所喜欢的事物。网上曾经流行这样一个小段子："我曾经为了自己没有鞋而感到痛苦，直到有一天，我看到一个没有脚的人。"没错，有些本来就已经拥有的，因为从未感受过失去，所以人们往往忽略了，其实那就是一种幸福，等到有一天真正失去的时候，才会醒悟，原来我们所拥有的幸福，曾经是那么的美好。不要总是生活在由自己所画的痛苦怪圈里，跨出来，带着你的放大镜，找到更多让自己喜欢的事物，扩大愉悦，也许你会发现在这个世界上，有太多看似平常简单的东西，多到已经让你感觉不到它们的重要性，正是这些看似无关紧要的东西，才构成了让幸福和快乐延续下去的要素。

　　让我们学会珍惜，学会把握痛苦与快乐的尺度，我们无法选择人生道路的远近，也无法选择生命的长短，可是我们却可以选择生活的方式。放大喜欢的，缩小厌烦的，其实也就是在放大幸福，缩小痛苦，牢记这句话，让自己有限的生命更加的蓬勃。

管好自己的剪刀

我读过一本书，名字叫作《拿着剪刀奔跑》，是美国奥古斯丁·巴斯勒的作品，书的内容据作者所说都是他所亲身经历的。这是一种美国式的比喻，潜台词就是：你痛苦吗？你孤独吗？那就毫不犹豫地发泄吧！手舞剪刀，一路狂奔，不管伤着谁。全书是由一个个怪异又诙谐的故事组成，很难想象作者真的会有那样恐怖又有趣的成长经历，也许会有很多人认为这本书太过古怪，因为不管里面的故事还是人物都算不上正常：酗酒的数学家父亲、从未发表过作品的诗人母亲、神秘狡猾的医生等，他们都固执又虔诚地沉迷一些古怪的细节，可以说个个都是极品。

第一次拿到这本书，看到译者序时，还略微翻阅了一下，序的标题是这样写的："孤独了就要奔跑，不管伤着谁。"我不是很认同这句话，单纯地为了宣泄自己的情绪而造成对他人的伤害与困扰，是很让人不屑的一种自私行为。不过读完这本书后，我才体会到其实这并不是作者想要表达的最终意思，故事没有真正的开头和结尾，如果非要概括下核心，大概就是以下意思："书中的人物都有一个共性：因为情感缺乏而渴望理解，因生活的压抑而向往自由，因前途的灰暗而幻想光明。他们为了摆脱自己灵魂和身体的孤独，一路持着剪刀疯狂前行，不顾一切，不计后果。而之所以要拿上那把剪刀，也许只是对自己的懦弱与孤独的一种掩饰，用来保护自己，才会有继续向前奔跑的信心。"其实涅槃似的新生有时并不需要用伤害来换取，不是吗？

其实我们每一个人都有属于自己的剪刀，比如我的假装淡定与不在乎，在我潜意识里，感情中的双方谁更在乎一些，谁就更加的被动，所以总是会用表象对自己的不愿示弱做一些掩护，然后再私下为自己的情绪找一个发泄点。我自认为还算是一个自我调节能力很强的人，不管当时的情绪有多么的恶劣，只要找到一个让自己宣泄的地方，自然就能让自己重新恢复平静，只不过是时间长短的关系罢了。至于宣泄方法并不完全相同，有时是写上一段粗口连篇的文字，有时是抓着朋友疯玩一番，有时只是静静地流泪，总之最后都会让自己恢复心情。如果说我拿的剪刀是包裹了纱布的废旧武器，那朋友薇薇的剪刀则就要比我锋利一些了。

有一天，我和老公不太记得是因为一件什么小事，说着说着竟然吵了起来，竟然还扯上了离婚，事后老公夺门而去，留下我一个人在家独自伤神，还可怜巴巴地哭了一会儿，觉得太没意思便随手在朋友圈发了一条自己的心情感触，看到的朋友们却没有一个人问起事情的原委，只是默默地在底下留言逗我开心，所以有一些贴心的好朋友真是一件幸运的事。正当我在为自己的人缘沾沾自喜的时候，薇薇发来了一条回复，问我受了什么刺激。我大概跟她讲了一下原委，她说她一直都很欣赏我，相信我自己能够处理好。我说，当然，顺便谢谢她对我的肯定。薇薇说我和她不同，她有什么事情一定要在当时发泄出来，不管身边是否有人，也不管会不会伤害到对方，大不了心情舒爽了再去用自己的肩膀承担后果。"不过，如果是真朋友，应该会理解的。"最后又总结道，后面还带着一个嬉皮笑脸的表情。

在我的印象中，薇薇的确是个暴脾气，而且心里藏不住事，一旦遇到什么让她感到不爽快的事情，首先嘴里就会不示弱地嚷嚷，要是硬是碰到不能得罪的人当时忍了下来，转身更是牢骚没完，弄得身边的人鸡犬不宁，还好朋友们还真已经习惯了，遇到她开启狂暴宣泄的时候，大家一般都会很淡定，一边当笑话听着一边继续做着自己的事情，其实薇薇也有自己的分寸，从不无理取闹地去迁怒别人，但是在此之前因为性格的原因最终造成朋友反目也不是没有的，只不过薇薇很想得开，她表示真正接受得了我的人肯定就能接受我的暴脾气，因为这个讨厌我的人跟我就不是一路人，不必在乎。

我知道她是一个很有主见的人，所以从来没有想过要去改变她什么，不管是对于友情还是爱情，我都认为，每个人都有自己不同的个性，如果非要要求一个人为你做出改变，那就不是她原本的自己了，这样的人放在身边又有什么意义呢。不管是对于朋友还是爱人，最基本的标准其实都是一样的，能够互相适应，互相迁就，才能真正的长久。

其实我也算不上一个好脾气的人，但是对于朋友，我却很有耐心，很少对他们发脾气，即便有情绪也不会发泄在他们身上，偶尔对他们凶狠地责骂也只是因为对他们恨铁不成钢，不管是比我年长还是年纪小的人，都是如此，也不知道是自己心理年龄太过成熟，还是天生有着知心姐姐的气质，不过能得到朋友们的信赖这是再好不过的事情了。所以，就算偶尔被他们的剪刀误伤一下，其实也没什么大不了的，至少我是这样认为的。

不过对于另外一种完全不顾别人感受，认为全世界都得惯着他的那种人，我却是毫不客气的，薇薇虽然暴躁，却是一个讲理的人，就算是不分场合地发泄，也不会去故意找碴，更不会去恶意中伤别人，最多也是互相嘲笑一番，嬉笑怒骂，也就是皮外伤的程度，无伤大雅。

似乎扯得有些远了，其实《拿着剪刀奔跑》这本书并不是一本传统意义上的励志书籍，开始读它的时候，很多人还会因为里面荒诞离奇的情节，古怪的人物设定而感到反感和不解，它虽然有一个光明的主旨，但是一直读到书快结尾的时候才有了明确的点题，它强调的其实是狂奔在人生路上的人们，手上所握着的那把意念上的剪刀，用来剪碎挡在前方的各种障碍，好让自己能够继续前进。

不过，我却觉得比起不顾一切拿起剪刀出击，还不如学会如何更好地利用它。人类从出生起，就是缺乏安全感的，婴儿时期的我们总是会本能地找到一个让自己感到最安定的环境，才能安然入睡，一旦离开那个熟悉的感觉，便会用嗷嗷大哭表达出自己的不满，所以才会有那么多的小婴儿贪恋妈妈的怀抱。长大之后的我们慢慢开始学会独自去面对人生路上所遇到的一切，但是潜意识里对安全感的渴望却是不可磨灭的，所以才会出现书中所说的那把剪刀，每个人手中都有着一把类似于这样的剪刀，在遇到危险的时候用来保护自己。只是每个人对它的熟练程度不一样，有些已经能很好地运用，在关键时刻帮助自己扫平道路上的拦路石，而有些却手足无措，伤人伤己。

其实能控制好它的最大秘籍就是自己的情绪，然而情绪却又是世界上最难控制的东西，即便是克制力再强的人，也会遇到令其彻底失控的事情，没有例外。行为能够影响到人的情绪，反过来情绪也可以影响到人的行为，遇到不良情绪的时候需要宣泄，这是一件无可厚非的事情，只是如果用不当的方式进行调节，反而对身心会产生更大的消极影响，在情绪冲动的时候也更加有可能作出不理智的事情与决定，引起严重的后果。

相信不止是我，几乎每一个人都得到过这样的教训，曾经有一位老师，目睹了我的情绪化之后教了我一个方法，她要我在自己坏情绪准备爆发的时候先做几次深呼吸，同时再多考虑一分钟，也许事情会有不同的发展。我不以为然，直到在我又一次冲动时突然想起了她的话，并且照做之后，才发现原本已经临近爆点的脾气已经弱化了很多，这还真不失为一个抑制情绪的好办法。当人们能对情绪进行有效的控制和管理时，就能很好地把握那把剪刀的使用方法了。

这也是我喜欢这本书的真正原因，并不是因为它表达了多么高深的哲理，而是因为文中的小男孩，他努力地排斥疯狂、渴望拥有正常温馨；在恶劣成长环境中他没有自暴自弃和放任自己，如果你真的认识和他一样类似的少年们，你便会知道，本性天真的小孩，其实最没有所谓的人生原则，能够管理好自己是一件多么不容易的事情。孤独了当然要奔跑，只不过在奔跑的途中你会重新遇到更多的人，控制好自己的剪刀，才会有温暖的朋友靠近你。

坚持选择或是妥协

《约翰·克里斯多夫》这本书里有这样一句话："大多数人在 20 岁或 30 岁就死了，他们变成自己的影子，往后的生命只是不断地一天天复制自己。"

我不知道别人怎么理解这句话，反正我的理解就是，大部分人的人生基本在 20 岁或者 30 岁就已经定型了。当然，不排除部分个例。

在这之后我们所做的事，所走的道路跟所做的选择，都是在为我们之前的那 20 年或者 30 年埋单。不论好或不好。所以大部分人的生活都是庸常的。

我身边有个叫 F 的女生，学习不错，大学毕业后在家里人给她安排的一家单位上班。之前，她说想去深圳那边找工作，看着同学一个一个工作落定也忍不住蠢蠢欲动，家里人不停地帮她介绍工作，都催着她赶紧稳定下来，刚开始她自己也不太甘心留在自己的小镇上工作，想去一个体面又繁华的大城市工作发展，只是最终也妥协了。她经常对我说，感觉现在的生活对她来说就是单调又无聊，每天都按部就班又无所事事。她时常抱怨，自己活了二十几年，无非就是每天做些无所谓的事，却又成天都不知道自己在做些什么，能做些什么，甚至觉得自己在浪费时间浪费生命之类的。

其实对她来说，现在的生活已经算是安稳自在了。收入稳定，时间充足。跟处于与她相同起点的人来说，已经算是非常不错了。可是，她好像每天都有说不完的抱怨。刚进入单位，她说领导不给她安排工作，每天很无聊不知道做什么，后来领导给她分配了工作又说工作太忙，喘不过气。

刚开始我还会认真听，给她一些建议。后来发现大多数时候她都只是说说并没有去实际想过怎样解决这个事情，于是我也只是随便听听安慰她一下。

有一天跟她一起吃着饭聊着天，继续听她说着生活上一些鸡毛蒜皮的小事终于忍不住问了她一句："你到底想要什么样的生活，想有什么作为。"她听完后没有回答，只是愣愣地看了我几秒然后低头继续吃饭。

我一直认为，生活得好不好，最主要的原因就是在于自己的心态。对生活不满意没有什么不对，爱抱怨也没有什么不对，只是抱怨完了，生活还是得继续过。她所谓什么作为不作为，说得不好听，无非就是希望别人知道自己拥有的，以便显示自己的存在。到底有几个人能做到自己真正想要的。

说到底，她就是希望能得到旁人的羡慕眼光。

活在别人的看法与别人为自己所限制的各种各样的条条框框中，能对自己所有的生活感到满足才怪。

说完F，还有另外一个截然相反的例子，暂且称她L。L与F学历、年龄都是相仿的。但是L成绩远远比不上F，当然，不是说高考成绩，而是在大学里面的考试成绩。比起F年年甲等奖学金与三好学生的优秀条件比起来，L大学四年，最低等的奖学金都没有拿过，虽然没有挂过科，分数也经常是在60分边缘徘徊，到课率也与全勤的F相去甚远。

但是每次见到L，她总是一副兴奋的样子，说起话来滔滔不绝。只是与F不一样的是，我很少听她说起对现实生活的不满。偶尔听她说起，可能过段时间再见到她，状况已经完全改变。

最有意思的是有一次，我下班回家接到她的电话，她问我在哪里，说要来我家住一段时间。我跟她并不在一个城市，她毕业后留在自己家乡，说准备创业。我当时还一头雾水，过了两天她就大包小包地出现在了我家门口，一边往我房间放着行李，一边轻描淡写地对我说她离家出走了，然后坐在我的床边咕咚咕咚地喝了一大杯水，笑哈哈地对我说，她爸每天在家说她不务正业，身边跟她一起毕业的同学都有了收入稳定的工作，只有她还赖在家里无所事事，于是她一气之下就决定离家出走。

我一脸诧异地看着她，完全不像一个身无分文离家出走的人，一脸神清气爽，仿佛只是来我这里短期度假一样。

她就这么在我家住了下来，我白天出去工作，她就在我家也不知道捣鼓些什么我也不知道，过了几天她就突然对我说她的淘宝店铺开始正常运营了。虽然我不知道她是怎样在身无分文的情况下开了这个店铺，但事实就是她确实做到了。我看她每天在网上忙着招呼买家，忙着签货发货，为自己的店铺忙得不亦乐乎的样子，便又忍不住问她接下来准备怎么打算。

她依然还是那个样子，仰着头，好像一个不谙世事的小学生说起自己的宏图大志一样。她说她最大的兴趣就是做传媒与影视制作，最终的理想是要开一家影视公司，然后用自己的能力做出自己喜欢并且真正觉得好的作品，现在要先靠自己挣到足够的资金，然后购买一些简单的设备，再说服几个朋友跟她一起干。

而实际上，她本科学的是工程类专业，一个理科生，影视传媒对她来说是一个毫不相关又相去甚远的行业。她说的话，听起来好像遥不可及，都是些不找边际的话，但是我却丝毫没有怀疑她能否做到。至少，我认识的她，肯定会为此而去认真又执着地去努力。她就是这样，不管现状看来有多坏，都能保持着一腔热忱，让人觉得乐观又傻气。

而生活也就是这样，无论看来多么无助又没有希望，只要自己保持着足够的热情，终归会有所收获。而相反地，那些抱怨与借口，只会将你往完全相反的方向带动，令你越发消极又失望。

而L与F最大的区别就是，L可以完全不去顾及别人的说法与眼光，坚持做自己的选择；哪怕所有的人都站出来对她说，这样是没有意义的，这样做你是不会成功的。她永远只会遵循自己的想法去加以行动，保持着乐观又明朗的心态。而F，只会不停地说着自己的不满，又不断地妥协。

生活不如意之事十有八九，对自己所处的生活感到不满足，最应该做的是静下来想想该如何去加以改变，一边抱怨一边又加以妥协，只会让消极与不满不断加以累积，却又得不到任何改善。

你自己要做什么？跟谁一起做？怎样去做？这都是我们生活过程中面临的选择，有的人不断做出自己的选择，而有的却一直在别人的选择下度过。对于后者来说，他的人生就是在为别人而活，没有丝毫意义，这么说一点也不夸张。

对于有些人来说，从小到大，家里人就为他们铺设好了一条道路，设定好了一切。小学的时候，只知道学习好的孩子才会招人喜欢，初中的时候又只知道要考高中，上了高中我们又一心只想着要考好大学。就是在这样不知不觉中遵循了别人为我们制定的人生。在终于知道要自己做选择的时候却发现自己根本已经忘了原本应该坚持的东西，甚至放弃了可以自己选择的自由。

而坚持自己的选择，说起来并非是一件容易的事，因为我们一旦做出自己的选择就要为此负起责任，在此之后做得好与不好，都要自己承担后果。而以妥协让别人选择看起来就容易多了，至少在对之后的结果不满意的时候能有借口说，这不是我自己的选择。

但是过着别人为自己选择的道路，复制别人的人生，却又不断抱怨对生活的不满，应该没有比这更糟糕的事了。

付出与得到

常言道："一分耕耘，一分收获。"

人的一生都在付出与得到，付出是努力，得到是收获，可是在现实当中，很多时候付出与收获都是不成正比的，并不是付出就一定能得到自己想要的东西，有时还会感觉自己的一腔热诚全都付诸东流，交付真心却只得到一份失望。除了自己付出的方式与付出的多少之外，其他不定的因素实在太多，比如机会，又比如运气。不过，或许付出与收获无法像运动与汗水一样成正比，却也绝不会成反比，没有任何付出的人肯定会一无所得。

当然，我这里所说的收获单指实质上的东西，其实我自己所认为的观点是，付出就一定会有收获，就算只是一种心理上的感觉，只要不过分在乎得失，反而会让人感到更大的满足。

小姐妹丫头曾经有一个很恩爱的男朋友，两个人是大学同学，只是毕业后男友去了外地发展，尽管两人是异地恋，感情却还是照旧，丫头虽然年轻却异常地通情达理、善解人意，如果非要用一个最合适的词用在她身上，那就是具有"三从四德"，也许听起来有些矫情和夸张，却是不争的事实。

丫头的男友其实也是 C 城人，只不过为了未来的发展，只能暂且听从公司安排常驻外地，再找机会调回来，至于持续的时间长短，还是个未知数。丫头虽然很不舍，但是为了男友的前途，还是非常支持他，只不过由于自己的家庭原因，无法陪同男友一起奋斗，所以只能在 C 城一边工作一边等待，一转眼就这样过了快两年，两个人都很用心地维持着这段不易的感情，希望能够等到雨后彩虹。可惜异地恋的恋情要比普通的恋人们更加要付出很多倍，才能获得同样的收获，尽管两人一直都很努力，但是因为互相不在身边，出现问题更加无法彻底解决，所以双方感情还是出现了危机，正在丫头苦恼这段感情还该不该继续下去的时候，却发生了一件意外的事情。

天有不测风云，人有旦夕祸福，就在双方感情出现危机的时候，男友的父亲因为一起严重的车祸住院了，男友请假回来照顾了一段时间，因为他父亲伤势比较严重，全身骨头多处骨折，男友的父亲整个人躺在床上基本不能动弹，所以在恢复行动能力以前，虽然请了一个看护工，但是床前也是万万少不了亲人的照顾的。丫头男友的母亲早已去世，自从男友离开C城以后，他父亲一个人生活已经很久了，加上这里也没有什么贴心的亲戚，让男友长期请假也不是很现实，于是丫头经过思索之后，她主动要求承担起照顾男友父亲的任务。这是一个令人吃惊的决定，先不说两人的未来是个未知数，即便是感情很好，还未过门的媳妇单独照顾未来公公，也是一件非常少见的事情，免不了别人的闲言碎语。

丫头没有理会家人和朋友的反对，一门心思照顾起了男友的父亲，尽心尽力的程度仿佛自己就是他的女儿一样，男友父亲一开始很过意不去，为了吓唬跑丫头，竟然对她不冷不热，一副很不喜欢她的样子。对于这些，丫头完全没有放在心上，继续做着自己该做的事情，还不停地宽慰男友父亲，减轻他的心理负担。男友父亲明白她的用心良苦，不由更加心疼起丫头来。

然而，就在这期间，丫头和男友的感情并没有多大的改善，反而因为这件事情还给男友造成了更大的压力，双方明白大家都已经不再是原来的自己，感情也不可能再回到从前，原本准备和平分手的两人却又被男友父亲这一纽带绑在了一起。丫头很善良，不管什么事情总是喜欢先考虑别人，其实自告奋勇照顾男友父亲并不完全是因为和男友恋爱的原因，更大的一部分其实完全出自于她善良的本性，她曾经说过，如果男友只是一个普通朋友，需要帮助的时候她也还是会挺身而出。根据对丫头的了解，我相信是完全有这个可能的。

冰雪聪明的丫头看出了男友的纠结，在他父亲身体有些好转的时候，丫头主动向男友提出了分手，男友对她的举动大吃一惊，丫头没有过多地解释什么，只是淡定地对他说了一句话："你不需要把爱情当成还人情的筹码。"男友无地自容。男友父亲知道他们分手的消息，对儿子大发雷霆，说放着这么好的姑娘都不要，还想找到什么样的，一直怒骂男友不知好歹，太不懂事。因为父亲的身体已经不再需要丫头的长期照顾，所以她到医院的时间也没有以前那么频繁了，只是偶尔会去医院打探下男友父亲的身体恢复情况，顺便看望。

　　对于男友父亲对她的打抱不平，丫头很是感动，她特意抽了一点时间，和他父亲谈了一下，她向男友父亲表示了之所以分手，完全是因为双方的感情已经没有从前那么深厚了，加上两地相隔这尴尬的局面还不知道要持续多久，即便有心要等也是力不从心。她希望男友父亲不要责怪自己的儿子，感情是双方的，两个人都已经尽了自己最大的努力，最终的结果还是不能在一起，也只能遗憾两个人有缘无分。

　　一席话下来，男友父亲老泪纵横，他拉起丫头的手："丫头，以后你就是我的女儿，如果是那个臭小子对不住你，我就是不认他也不会让你受委屈。"

　　经过那次在医院的谈话，一老一小两个人就已经以父女相称了，父亲出院以后，经常会做很多好吃的送给丫头，出去看到什么特产也总会想到她，丫头遇到困惑也会向父亲诉苦，寻求他的开解，仿佛就如亲生父女一般没有隔阂。而男友，因为两人的爱情已经被现实打磨干净，但是毕竟有着多年的感情，虽然少了男女之爱的那份心动，却也没有分手情侣之间常见的那种尴尬，共同面对这次磨难后反而多了一份淡然与亲情，爱情有时会转瞬即逝，亲情却常在，现在三个人真的就像一家人一般，关系之自然叫人感叹又羡慕。

我曾经问过她有没有后悔，她冲我笑："一开始决定去做的时候，就没想过要得到什么，照顾老人和感情完全是两码事情，不能相提并论。况且，我什么都没有失去，反而多了一个疼我的父亲，多好。"真是一个很让人心疼的姑娘，我反而有些羡慕男友和他父亲了，能够得到丫头的爱，真是一件让人感到幸福的事情。

有些人在生活当中会过多地计较得失，从而忽略了其他已经得到的收获。丫头让我懂得了一个道理，其实付出本身就是一种快乐，在你带给别人快乐的同时自己也收获快乐，如果仅仅只是为了得到某一样东西而有目的地去付出，也许得到的反而是失望和痛苦。反之，看淡结果与得失，反而可能会有意外的惊喜，拥有更多的亲情和温暖。

我们都拥有自己想要的生活

每天晚上下班回家我都会经过步行街,那里有许多形形色色的人,摆摊的,卖艺的,乞讨的。那天经过天桥,看到两个垂头丧气的女生,两个人蹲在围栏边上,低着头,看不清她们的表情,但是能感觉到她们身上有一股消极的情绪。还有好几个人拿着手机,一边通电话一边疾步快走,说着我听不懂的方言,表情和语气都不轻松,也许是在为工作上的事跟别人争吵着什么,又或许是在跟自己的家人不服输地斗气,我不知道,这些都只是猜测。

就是这么一座城市,承载着无数年轻人的希望与梦想,也展现着许多人的失败挣扎与屈辱不安。

也许此时此刻,有人正在想着,要如何在这个城市扎根,要如何努力出人头地,无论如何也不甘于现状。也许还有人在迷惘,自己在这个陌生繁华的城市不知该如何走下去,找不到方向。也许有人已经失望地想放弃,离开。

这个城市从来不缺少励志故事,当然也有一些失落的青年。

我突然想到了Z，想起她此时也是独自在这个繁华又陌生的城市。记得她刚进城的时候在QQ上找我，我看得出来她很不快乐，第一次离开家人与朋友，在一个完全陌生的城市，褪去刚开始的好奇，剩下的只有不安与迷茫。

那个时候，她一边给我发着QQ，一边独自坐在电脑前面往嘴里扒饭。她说没有人认识她，优秀的人太多，觉得自己格格不入。说她在这个城市觉得自己就是个乡马佬，说大家嫌弃她念英语都带着家乡口音，说她和到现在为止唯一能与自己为伴的人闹翻了，说她觉得自己很差劲很差劲。

我听着她滔滔不绝地说着，知道她已经难过得不成样子了，却还是很难说出一句像样的安慰她的话来。只是慢悠悠地打字删掉又打字，用很笨拙地方式安慰着她，说："大家都是一样的，我们都经历过。"很难想象，一向明朗又乐观的Z，在面对眼前这个大城市与环境也会变得像现在这样沮丧。

我们这个年纪都曾怀揣梦想，总是觉得有些事如果趁年轻不去做，往后想起来便会后悔一辈子。

我们有时还会因为一个芝麻大的小事跟父母怄气，脸涨得通红争吵不休，然后又开始迷茫，不知道究竟该选择怎样的道路。每次跟别人去争吵，做一些自以为是的坚持，连自己都不知道会不会有结果。

前不久，去参加了我哥的婚礼，因为不常回家乡，与那方亲戚的关系也变得不那么亲近。就连与曾经很疼很疼我的那个哥哥也变得没有话说，害怕沉默的尴尬。而爷爷奶奶，还有伯伯对我依然很好，当伯伯瞒着姑姑偷偷塞给我两百块钱，然后摸着我的头对我说以后要努力的时候，我真的是快要哭出来。

时间虽然可以改变很多东西，却也可以留住很多东西。

很难想象十年二十年后的我们，究竟会是怎样的一副样子。

小时候总是热切地盼望着长大，好像长大以后就可以变成无所不能的侠女超人，变得独立而坚强，能够以饱满的热情面对一切事物。

记得我当时曾对妈妈说，我去哪儿都好，就是不想待在家乡念书。轻轻的语气带着不可置疑的坚决。当时只想飞离这个生活了十余年的小镇，想在一个繁华的都市实习锻炼。

曾在大学里跟新的同学温和闲谈，也曾偶尔跟旧往的同学电话里聊起过往的故事，嘴角上扬，大声嚷嚷。说着人家听不懂的家乡话，神情兴奋，舍不得挂下电话。

一晃这么多年过去了，大家都相继有了各自的生活，我在这个城市有了还算得上满足的生活。只是每天上下班，经过大街小巷看着形形色色的路人，还是忍不住会去猜想他们此时此刻所处的心境。

那时的我们总是决心想要离开家去看看外面的世界，总觉得外面的世界无比广阔与精彩，别人都在过着我们所不知道的却又令我们羡慕的人生。

外面的世界到底怎样，这个问题的答案总是充满了无数未知，却又让人充满期许。

我还有个朋友 J，也是个不肯安于现状的人，那天突然接到电话对我说，她现在正在去沙漠的路上，她说那是她这辈子一定要去的地方。那个时候她没有毕业，我问她学校那边请假了吗，她回答说没有，不但没有请假，而且是瞒着家里所有人自己偷偷过去的，带着所有的积蓄。

那段时间看她在自己的 QQ 空间、博客不断更新自己一路的见闻，让身边的朋友都羡慕不已。而 J 在外面玩了大半个月后回到学校，却变得异常安静。

　　我不禁有些好奇，便问她，怎么会转变得这么快。J 只是笑笑，说，她以前想旅游，想走出自己生活的地方，是因为对外面的世界充满了好奇与期待。她一直以为，外面的人们跟我们过着完全不一样的生活，有着不一样的信仰。但是经过这半个月，她好像想清楚了有些事情，其实这个世界上，大部分人的生活都是雷同的，所不一样的只是心境而已，而对于生活，你希望他是怎样，就是怎样。当你认为生活好，它就好，不论生活在怎样的环境，这一点都是相同的，对于外面的世界也一样。而旅行的意义就在于重新认识自己，其实当自己看到足够多外面的世界，就会发现，自己的生活并不比别人差，甚至比别人更好。以前，总是觉得自己根本没办法拥有自己想要的生活，觉得自己追求的是外面所有的完全不一样的生活，但其实，看过之后就发现，自己想要的生活就在这里。

　　世界确实很大，但是人心却很小，又或者说，人心比世界更大。

　　总是有人说，生活在路上，又或者说身体与灵魂必须一个在路上之类的话。可是，对于"在路上"这个定义真的有认真去思考过吗？上下班换乘地铁，挤公交车，看着车窗外面的人群与车流，都是同样地在路上。这些，都是生活的一部分。

　　我们想要去了解世界，但是并不是所有的人都能够走出去，而那些去旅行远游的人也并不就是真正了解这个世界。我们居住在自己的城市，过着自己的生活，脑海里也能设想山脉、海滩、草原、沙漠。

　　我们总是容易被一些东西吸引，总觉得要出去一趟，不然一辈子只能生活在自己的世界与人生观里面，但事实上，你读过一些书，走过一些路，你就会发现，所有的人，都在过着相似的人生。

梦想、追求、友情、亲情、工作、家庭、信仰、执着……这些都是相似的。

我们只是把自己所处的世界与外界隔开了，其实所有的人都生活在同一个世界，只要认真去观察与领悟，我们就会发现，这个世界其实说大也大说小也小。

所有的人都要学习、工作、都要面对生活中一些鸡毛蒜皮的小事，都会经历一些人生中的挫折。

大家都曾渴望不要局限于现在的生活，要走出所在的城市，要去过更好的生活。憧憬往后十年或更久远的生活，却单单忽视了眼前的生活。

外面的世界确实精彩。可是，我们真正忽略的是，我们想要的生活其实我们都正在经历，我们已经拥有了精彩。